世界博物馆最新发展译丛(第二辑) 主编◎宋娴

当代博物馆的领导

理论与实践

[美]玛莎·莫里斯◎著
沈 嫣◎译 潘守永◎审校

复旦大学出版社

上海科技传播智库系列成果

关于作者

玛莎·莫里斯（Martha Morris），乔治·华盛顿大学荣休副教授，拥有超过45年的博物馆管理经验。她的职业生涯始于科科伦美术馆的藏品登录与管理工作，后在史密森美国国家历史博物馆担任副馆长。她还是中大西洋博物馆协会理事会成员，以及建筑博物馆研讨会的创始项目主席。她在工作和教学中一直专注于管理实践，包括战略规划、项目管理、团队建设、员工发展和设施项目，并在藏品规划与管理、展览开发、人员配置、博物馆设施项目、博物馆合并以及21世纪领导技巧等主题上设计工作坊，进行演讲和写作。

关于本书

本书在梳理营利和非营利机构领导力、改革管理、个人领导力特征、组织运营等文献和案例研究的基础上，系统探讨了博物馆领导力的定义、标准和实践，讲述了当前面临的理论研究和管理实践变化、创新机遇和下一代领导力变革。作者认为，与各种组织机构一样，博物馆同样存在生命周期，不同周期面临不同的特征和问题，领导力体现在生命周期的各个层级，创新的领导变革必须统筹考虑整体规划、内部结构、外部联系等，这些都需要博物馆领导者具备热情、勇气、灵活、专业等个人特征和应对风险挑战的能力。

本书共分为八大章节。第一章总体介绍了新时代背景下博物馆领导者面临的挑战和需要取得的成就；第二章对领导力进行了详细的定义，介绍了非营利机构特别是博物馆领域领导力的标准和个案；第三章阐述了领导力理论和管理变化，以及在此基础上不断变化的领导力角色；第四章介绍领导力转型以及变革期间临时领导者发挥的作用；第五章提出中层领导力概念，解释了博物馆等非营利机构如何从中层管理者入手引领组织改革；第六章则聚焦创新这一未来领导力特质，具体阐明了其过程和结构；第七章在创新背景下，探讨下一代领导者所需的技能；第八章则选取九个博物馆领域典型领导者进行案例分析，简述了他们对各自博物馆进行的创新实践和可供借鉴的专业化发展方法。

前　　言

早在信息时代刚刚兴起之时，我参加过一个在华盛顿特区国立建筑博物馆举办的正式晚会。当时也恰逢《电脑世界》（Computer-world）与史密森学会合作，合作内容是有关技术领域领导者的年度奖项目。晚宴总是稍微有点夸张，每个桌子上都摆放有智力玩具供宾客使用和考验他们的创造力。有一年是搭积木，我们可以用方块搭一座小屋，甚至是一座新的博物馆！这些方块上都刻有整齐的文字。在晚宴结束时，我决定拿走几块，这几块上边分别写的是：

- 热情；
- 机遇；
- 勇气。

这三个词语也真实地映射出我个人在事业中想尽力达成的目标：对关键事物——博物馆的藏品、使命与人饱含热情；机遇——知道什么时候该抓住，并记得所有帮助我获得成功的人；勇气——建立在机遇之上，有勇气冒险并最终取得成功。我相信这也是所有成功的领导者的特性。

本书试图聚焦讨论博物馆现代领导力（leadership）理论与实践。这是一个相当广泛的主题，因此本书将不会面面俱到地讲述每个主要的领导力理论或范例。作为乔治·华盛顿大学博物馆学研究的教授，我就这一主题开设了两门课程。"引领博物馆改革"这一课程的目标在于向学生介绍营利与非营利文献和案例，这些文献和案例在整个博物馆领域都具有借鉴作用。课程还聚焦于博物馆领导力的案例分析，也邀请了一些在这方面有实践经验的专家作报告，分享他们改革的故事。第二门课程"混乱时期如何领导博物馆"，是一门线上课程。我和学生们一同探索领域内许多挑战的真实性和最佳的应对措施，以及如何作好充分准备开启他们的领导历程。

我希望此书不仅仅面向学生，也可以为深切关注博物馆、有着共同心愿的广大博物馆成员、CEO、资深员工、顾问、志愿者，以及期望在各层面提升领导力的读者们提供帮助。本书同样适用于图书馆、档案馆专业人员，非营利管理专业的学生，以及那些攻读商业或法律学位但对博物馆和艺术有兴趣爱好的读者。

本书详细探讨了营利和非营利机构的领导力研究文献、内外改革管理、个人领导力特性、组织各层的方法、博物馆现有的创新，以及为下一代作的准备。各章节涵盖了包括部门挑战在内的当今博物馆领导力的背景，而对最佳实践案例的关注则为后续章节中涉及成功领导者的个案研究奠定基础。关于组织改革的章节则包括博物馆的生命周期、改革管理的内在问题，以及博物馆如何面对和妥善处理变革的案例。

本书通过对营利和非营利机构典型案例的分析，进一步对当今社会博物馆领导力文献作了细节深化。领导力不仅仅出现在上层架构，也同样出现在各个层级，从中层进行变革再贯穿整个团队的方法是体现领导力连续统一的重要部分。戏剧性的变化体现在社会的方方面面，博物馆必须在包括整体规划、内部结构、外部对接等方面大胆地创新方法。本书特开辟一个章节来介绍新的组织架构设计、决策体系和保障博物馆关联性的重要价值。不管是当今还是下一代的领导者都必须有充分的自我意识，通过正式或非正式的培训，经由导师指导带领，妥善处理性别平等、待遇公正、多元包容等各项问题。书中还用较大篇幅介绍了不同地区、不同类型博物馆领导者撰写的9个案例，简述了各个博物馆的创新实践，部分案例还提供了专业化发展的方法。

在书中，我把商业管理理论与博物馆实践相结合，领导访谈部分则突出当今博物馆领导者所具备的热情、勇气和谋略。为进一步激发批判性思维，每个章节都包含了一系列问题讨论。附录则涵盖对学习方式和假设演练的建设性意见，以应对共同的领导力挑战。节选的主题文献则为这一重要主题的后续探究提供了参考观点。

目　　录

第一章　概述 / 1
　　一、领导力挑战 / 2
　　二、博物馆领导者需要取得的成就 / 8
第二章　组织领导力的定义 / 13
　　一、商业领导力理论 / 13
　　二、非营利理事会治理 / 18
　　三、博物馆标准和最佳实践 / 20
　　四、21世纪博物馆范例掠影 / 23
第三章　领导力理论和管理变革 / 28
　　一、博物馆中的变革 / 28
　　二、变革领导力理论 / 39
　　三、变革中领导的角色 / 46
第四章　当代领导力模式 / 52
　　一、组织性领导力类型 / 52
　　二、成功的博物馆模式 / 59
　　三、领导力转型和过渡时期的领导 / 68
第五章　各层级的领导力 / 78
　　一、中层管理者的定义 / 78
　　二、从中层领导改革 / 81

三、博物馆领导的策略 / 86

第六章　未来领导力：创新 / 97
　　一、创新：过程与结构 / 97
　　二、改变商业模式 / 105
　　三、转型类领导 / 111

第七章　领导力的发展：下一代 / 126
　　一、现在需要的技能是什么 / 127
　　二、调查揭示了什么 / 128
　　三、作为学习环境的博物馆 / 131
　　四、员工个人可以做些什么 / 135
　　五、多样性、包容性和公平性作为一项任务 / 142

第八章　行动中的领导力：案例研究 / 154
　　一、林肯总统故居 / 156
　　二、辛辛那提博物馆中心 / 166
　　三、参议员约翰·海因茨历史中心：项目开发 / 168
　　四、卡岑艺术中心美利坚大学博物馆 / 178
　　五、爱德温彻儿童博物馆 / 182
　　六、乐器博物馆 / 189
　　七、奥尔布赖特-诺克斯艺术馆 / 200
　　八、弗吉尼亚历史学会 / 209
　　九、召集学术团队：史密森学会如何促进跨学科合作 / 213

附录A　个性评估和学习风格 / 231
附录B　假设练习：领导 / 232
附录C　团队决策练习 / 233

图表(文本框)目录

文本框 2.1　确保公众信任 / 20
文本框 2.2　基本标准和最佳实践 / 21
图 2.1　　战略规划流程 / 22
文本框 3.1　博物馆生命周期 / 34
文本框 3.2　员工对变革的反应 / 36
图 3.1　　柯特的领导变革阶段图 / 40
文本框 4.1　管理者 VS 领导者 / 54
图 5.1　　组织层次图 / 79
图 6.1　　共治图 / 103

第一章 概　述

这不仅仅是一本关于领导力的书籍，它也关乎公共服务。不管是在家庭、工作场合中，还是在企业、政府机构中，领导力都是我们生活中非常普遍的能力。我们整个社会也在不断定义、批评、探寻领导力的最佳表现形式。20世纪的大量文献就已经在讨论成功的个人和组织领导力的特征。为应对社会需求，文献的内容也在不断演变。在动荡时期，我们没有一天不在讨论如何解决批判性问题，如何维系组织，如何成为一个对社会有突出贡献的机构。除了做好基础的藏品保护和管理，现今的博物馆承担着更重要的使命。我们在为社会高质量的生活而努力，当然我们也不是孤军奋战，我们必须与其他非营利机构、文化艺术组织、学者和艺术家，以及营利组织与政府机构并肩共行。我们最优秀的领导者一定会认可公众服务、公民身份，敢于担当和作为，牢记价值使命。

本书主要介绍了在高级管理者层面和中级管理者层面，博物馆服务使命的内容、紧急性和其中细微的差别。书中还把追随者作为高效领导力的重要组成部分，对其定义进行了研究。对博物馆内外运营的关注则会提供一个平衡的视角。为解决内部关切，本书就组织架构设计、规划与决策的新模式、战略性项目的实施以及如何灵活应对社会的不断变革进行探讨；从外部层面，我们着眼于各种影响成功的因素，比如人口变动、政治趋势、全球化、可持续发展等。

本书重点强调与21世纪初我们所面临的挑战相呼应的领导力哲学和文献。来自博物馆领域个体成员的观点和故事是本书的特色所在。书中还突出了拥护、毅力、创意和共情的重要性。我们首先从博物馆、员工及利益相关者面临的挑战开始讨论。

一、领导力挑战

对于当今的博物馆来说，挑战和机遇并存。全球化、新技术、竞争力、人口变动、藏品保护、责任担当、金融动荡、环境可持续发展和员工流动等都是博物馆需要考虑的主要问题。我们正在努力去重新定义社区期望的本质，重新评估我们的理事会和员工的构成，确定藏品保护和使用的最佳方法。这些问题都会在下文进行详细解释。

1. 人口

劳动力和人口的老龄化，千禧一代的成长，关于种族、性别、族群的多元意识，以及不断扩大的经济鸿沟，都不断构成一系列复杂的挑战。这在博物馆领域尤其具有话题性，因为我们在包容性这一概念上就呈现百家争鸣的场景。这些转变也同样影响着游客参观量和观众对博物馆的期待。现在观众在他们的休闲娱乐和教育追求上有更多的选择，因而这些领域的竞争也更加激烈，这也意味着博物馆参观（虚拟或实地）的吸引力对我们不断变化的人口来说可能会有所下降。我们要和剧院、YouTube、游乐公园、葡萄园、大学和零售企业等竞争。

2. 技术

社会各个部门对技术的依赖与日俱增，这使信息与服务的共享、决策的提高和运行的快速改善成为可能。与此同时，变革总会令人生畏，因为它给员工和领导者带来了压力。在虚拟技术下，我们还需要砖块水泥搭砌起来的博物馆吗？展览会不会由机器设计搭建？我们知道，年轻一代有时会觉得博物馆枯燥，他们更喜欢有技术基础的互动体验。如果我们能在网上买到任何物品并配送到家，我们还会去博物馆吗？在这样一个社交媒体的世界里，Instagram 和 Facebook 上会不会产生市民策展人和教育者？同时，线上资金筹集和市场营销也通过众包和众筹增加了个体数量。技术使我们可以通过电话会议、网络广播或网络电话从事业务活动。事实上，你还可以随时随地工作。但是，对作出正确决策或建立协作团队来讲，这可能是一个积极因素，又可能不是。

3. 全球化

在一个扁平化的世界里，越来越少的贸易壁垒、新的投资来源和劳动力带来了一个全新的充满竞争力的环境。亚洲和中东地区国家正在引进我们的人才，建设他们的文化设施。这些文化设施建设的繁荣给艺术市场、博物馆劳动力市场带来新的竞争，也给将藏品归还（repatriation）或借给原籍国带来潜在压力。伴随全球化的还有"后9·11时代"的国家安全问题。如何保护我们的藏品、设施、员工和游客？文化遗产的全球威胁对我们已经捉襟见肘的博物馆构成了新的挑战。

4. 环境可持续性

对可持续性的全球呼声受到博物馆的欢迎。现在能源与环境设计先锋（LEED）对建筑结构的要求中，"绿色"势在必行。博物馆也通过更多灵活的气候控制标准、太阳能和地热系统、节水厕所和集中回收支持这一新准则。博物馆不仅需要在运行中保护环境，还需要向观众灌输这一理念和提供相关的教育。在个别事件中，博物馆还应坚守道德原则，拒绝接受任何有破坏环境行为的公司的财政支持。

5. 经济、衰退与政治情感

资源紧缩已持续了很长一段时间，更智能化的工作方式迫在眉睫。经济衰退是一种经常性和周期性的现象，但是博物馆似乎一直遭受其打击，我们见了太多关于博物馆裁员、关闭或合并的头条新闻。我们的政府和资助者到底想从这些非营利机构和艺术部门中得到些什么？对博物馆的基金支持通常取决于某些特定的政策举措，如社区关联性。个人捐赠者会选择与他们利益相匹配的项目，但也可能同样想对结果加以控制。联邦资金则用于建设博物馆和图书馆的伙伴关系，支持服务水平较低的社区，比如部落博物馆。但我们通常也会遇见一些阻力，导致联邦对艺术和人文的支持受到阻碍。

现代博物馆的社会和经济背景催生了新的变革努力。我们看到，基层倡议人员在不断成长，他们也是不同社区的代表。博物馆通过新的商业模式寻求经济可持续性，这体现在增加产生收入的活动或企业赞助，甚至通过向全球其他博物馆提供付费的专业知识来开拓咨询业务。对内，我们重新定义工作流程，重新设计核心环节，从而提高工作效率，使工作更加合理化；或者可以简单地把工作对外分包给承包商。博物馆也通过营利部门采取相关措施确保可持续性。我们朝着这些新方向前进时，公众要求问责和公开透明。而我们是否忠于自己的使命？

为应对这些挑战，我们必须要直面领导力失败这一事实。若我们不作好应对新问题的准备，终将停滞不前。还有一个加剧这一现实的因素在于非营利组织和博物馆是由志愿者领导的。理事会成员在法律上负有管理组织的义务，但通常在有效运作上缺乏一定的经验。不幸的是，我们的部门因此出现管理不善和失败。

人口结构的转变也需要我们对退休领导和其他要职人员制定接任计划。21世纪，学习技能是新员工的基础，批判性思维、合作、创意和创新都是保证博物馆可持续发展和向社会有效提供所需服务的必要条件。

6. 扩张主义

当今博物馆那些旨在提高博物馆声誉、吸引观众和新的资金来源的宏伟规划也存在诸多风险。在过去的20年中，我们已经见证了建造博物馆的热潮，它带来全新的、壮观的建筑，或通过空间改造为藏品保护、展览、社区活动和其他零散的活动提供支持。理查德·佛罗里达（Richard Florida）在其著述中说到，城市在寻求吸引一个"创意阶层"。这些艺术家、教师、作者、表演家互相寻找从而营造氛围招揽新的商机和包括游客在内的观众[1]。2016年《艺术报》(Art Newspaper)就曾报道这种建造业繁荣的背后是近50亿美元资金的投入[2]。但随之带来的却是游客数量增加、运营成本加重、捐赠者疲劳和员工体力透支。相似的发现也曾出现在2012年芝加哥大学文化政策中心一项名为《一成不变》(Set in Stone)的研究中[3]。这项对美国新艺术馆和表演艺术中心的具有里程碑意义的研究表明,这些项目的周期一般为10年并通常超出预算。一个明显的例子就是纽约大都会博物馆在实施了昂贵的扩张项目和其他新领域增长后,2017年2月该馆馆长辞职[4]。

由于这些激烈的改变和随之产生的问题,博物馆行业显然处于混乱中。罗伯特·简斯(Robert Janes)在其重要著作《困境世界中的博物馆》(Museums in a Troubled World)中表达了对博物馆生存状况的深切担忧。他认为我们现在没有与社会的预期对接,并且在很多方面已经脱轨。我们需要关注自身在社会中的作用,不断改变和重塑自我,融入所谓的"正念博物馆"[5]。

简斯还看到了许多其他问题,特别是博物馆似乎把过多的考虑放在市场谋划和商业实践措施上,这就分散了许多在公众服务上的精力。目光短浅、思维固化会让博物馆规避任何改变,一个显著的例子的就是对金钱的重视大于使命。公司主义可以被视作以公司运作的心态专注于可以提供收入的活动[6]。这就会导致独立性的缺失,或营利性与非营利性界限的模糊。它体现在贷款营利、出售展品支撑运行、高薪聘请CEO和公司担保与隐藏背书中。这些行为可以接受吗?独立性的缺失引起的将是公众监督、更严谨的监管和使命的偏离。

7. 不快乐的员工

尽管薪酬可能相对较低，但博物馆工作员工仍需要积极地推动博物馆的使命，保障馆内的专业活动。这是一件高风险的事情。在当今变幻莫测的社会，员工常会因领导者的决策萎靡不振。他们担心自己在未来规划、藏品、创造性项目和工作福祉上缺少话语权。2017 年，马萨诸塞州普利茅斯种植园的员工成立了一个工会，抗议低薪资、不安全的工作条件和高强度消耗的工作状态[7]。

在第三章中我们将会研究不断进行的变革，而美国博物馆联盟（AAM）发布的一系列《趋势观察》（*Trendswatch*）报告[8]也在提醒我们存在的诸多挑战。从 AAM 博物馆未来研究中心提供的专业研究中，我们能观察到任何影响该领域的趋势。其中有些对当今世界的领导力至关重要，它们包括：

- 社会公平正义问题；
- 气候变化和长期可持续发展；
- 劳动力市场本质的改变；
- 组织架构设计本质的改变；
- 技术变革的回应；
- 非营利税收地位的挑战；
- 同理心；
- 敏捷设计。

8. 劳动力问题

　　21世纪我们如何应对博物馆业务的新趋势和新挑战？员工老龄化日益加重，他们缺少能反映社区多元性的能力。此外，当今社会需要一种更加灵活、更加人性化的管理员工的方式。在英国艺术联盟（Arts Alliance of Great Britain）的一项研究中，提倡更多元、更灵活的劳动力，创造学习和培训的新方法，以及强调拓展包括商业、领导力和所有数字化在内的技能体系。除了这些新的劳动力技能，研究还意识到有必要创建一个更具弹性、更活泼、更企业化的组织模式[9]。深层次的研究也对我们的劳动力提出了类似的担忧。由美国州和地方历史协会（AALSH）与其他历史协会发起的一项联合调查显示，公共史学家要想进入该领域需要具备适应性、创造性、谋略性，"考虑到公众支持度下降、经费竞争激烈和在一些人口学群体中发出的历史价值怀疑论，当前的一代人有必要解释历史和保护资源之间的关联性"[10]。

　　职业标准和道德规范在不断进化。博物馆需要训练有素的员工、坚定不移的管理和具备创新精神的领导者来保证其取得长效的成功。

二、博物馆领导者需要取得的成就

　　在2012年作者对博物馆领导者和员工的一项调查中发现，以下几项技能在高效完成工作和领导组织上发挥着重要作用[11]：

- 沟通交流；

- 项目管理；
- 人际交往能力；
- 变革管控；
- 资金募集；
- 财政预算；
- 时间管理。

调查进一步明确，未来博物馆专业人员要准备好成为出色的战略规划者、技术专家、市场分析家和拥有众多伙伴关系的卓越合作者。获得这些技能并不是一件容易的事情，我们需要作好充分的准备。理事会在寻求新的执行领导者时，对这些技能有较高的期待。在回顾近期的博物馆高层职位招聘公告中，我们发现以下几种期望的技能与上述需求有着相似之处：

- 领导与管理的远见和专业知识；
- 与内外部多元的支持者合作；
- 热爱并致力于社区服务；
- 卓越的沟通技巧；
- 具备一定的财务知识和筹款能力。

因日常工作需要，博物馆专业人员需要妥善解决沟通、网络事务、领导、转型规划、管理项目、处理员工倦怠、打破孤岛、说服理事会紧急事项、推动变革，以及制定重点规划等方面的问题。随后的几个章节会更深入地关注现代组织和个人成功的理论与实践，理解变革挑战的重要性和当今运用的最佳实践案例。对于博物馆领导力、组织架构设计和中层领导的典范也会进行具体探讨。我们还将深入探究现在及未来员工如何准备好应对当今的挑战。本书将反映当今博物馆专业人员的观察和体会，关注成功领导者的具体案例。最后，最重要的是价值问题。史密森学会秘书长大卫·斯克顿（David Skorton）在给《博物馆》（*Museum*）杂志撰文中提出了这样一个问题："我们的价值观是什么？"[12] 如果不能对该问题作出清晰的回答，博物馆将始终在困难中苦苦挣扎。斯克顿认为，在寻求成为社会变革推动者过程中，通过创造、创新、灵活的实践完成使命是非常必要的。

问题讨论

1. 您的博物馆关心的当下和未来的挑战是什么？
2. 罗伯特·简斯的有关担忧和警示在当今还有意义吗？
3. 未来5年哪种领导能力最为重要？

注释

1. Richard Florida, *The Rise of the Creative Class* (New York: Basic Books, 2002). 佛罗里达最近指出，不断增加的杰出人才驱使艺术家脱离他们不再适应的社区。
2. Julia Halperin, "US Museums Spent ＄5bn to Expand as Economy Shrank," *Art Newspaper*, April 4, 2016, http://theartnewspaper.com/news/us-museums-spent-5bn-to-expand-as-economy-shrank/.

3. Cultural Policy Center, *Set in Stone*, University of Chicago, 2012, http://culturalpolicy.uchicago.edu/sites/culturalpolicy.uchicago.edu/files/setinstone/index.shtml.

4. Robin Pogrebin, "Metropolitan Museum Director Resigns Under Pressure," *New York Times*, February 28, 2017, https://www.nytimes.com/2017/02/28/arts/design/met-museum-director-resigns-thomas-campbell.html?_r=0.

5. Robert Janes, *Museums in a Troubled World* (New York: Routledge, 2009):13-25.

6. Ibid.: 94-107.

7. Emily Clark, "Workers Unionize, Demand Contract," Wickedlocal.com, August 25, 2017, http://plymouth.wickedlocal.com/news/20170825/plimoth-plantation-workers-unionize-demand-contract.

8. 《趋势观》(*Trendswatch*)系列报告自2012年起发布。博物馆未来研究中心提供了有关博物馆如何适应各种趋势的例子，详见：http://aam-us.org/resources/center-for-the-future-of-museums/projects-and-reports/trendswatch.

9. Arts Council of Great Britain, "Character Matters: Attitudes, Behaviours and Skills in the Museum Workforce," Septermber 2016, http://www.artscouncil.org.uk/sites/default/files/download-file/ACE_Museums_Workforce_ABS_BOP_Final_Report.pdf.

10. Phillip Scarpino and Daniel Vivian, "What Do Public History Employers Want?" Joint Taskforce of AASLH-AHA-NCPH-OAH study, 2015, http://ncph.org/history-at-

work/report-public-history-education-and-employment/.
11. 作者关于博物馆研究专业毕业生、史密森学会下属博物馆个体员工和其他博物馆列表上服务会员的调查，2012。
12. David J. Skorton,"What Do We Value?" *Museum* (May-June 2016):38-43.

第二章　组织领导力的定义

组织是一个非常复杂的实体。不管是营利还是非营利，总会有一些关键性的特征来定义成功。这一章节将会介绍一些研究，即关于领先的商业理论学家所认为的引导现代组织走向成功的因素。我们也会研究在近期的文献中出现的一些非营利机构的最佳实践案例——包括博物馆在内，以及管理所扮演的重要角色。

一、商业领导力理论

针对这一话题已有许多出版物问世，而吉姆·柯林斯（Jim Collins）的研究在过去的 20 年得到了广泛的认同。他在 20 世纪 90 年代中期就撰写了销量惊人的《基业长青》（*Built to Last*）[1]一书，以及系列研究著作《从优秀到卓越》（*Good to Great*）[2]。这些书在商界都是深受欢迎的必读书籍。博物馆的领导者想必也把这些经验牢记于心，特别是最近 15 年来我们面临着许多可持续发展与创新的挑战。柯林斯在书中作了大量关于成功公司的个案研究，对该研究发现的回顾也用长期记录的一系列数据对高效的公司作了定义。

《基业长青》一书中阐述了成功计划中的重要因素之一——标杆管理。事实上，柯林斯的研究是基于已长期取得成功的公司，提炼了许多促成他们成功的因素。标杆管理对所有经历战略规划和转型改革的组织来说都是关键性的实践。比如，它包括理解竞争，以及公司要采取什么措施来提高成功机遇，这些措施可能是建立新的流程、结构、财政模式、伙伴关系，诸如此类。

在斯坦福大学与杰瑞·波拉斯（Jerry Porras）共事期间，柯林斯研究了20家具有敏锐洞察力和取得成功的公司。这些公司在几代CEO掌控下运转了至少50年，经历了多重生命周期，并被业内视为最佳榜样。著名的例子有通用电气、IBM、迪士尼、福特等。它们能持续获得成功的因素如下：

- 坚持一套核心价值观；
- 具备适应外界环境变化的协调能力；
- 重视继承人规划；
- 协调内部统一。

令人感到惊讶的是，这中间许多组织机构有名的地方并不在于他们有着摇滚明星般的领导者，而是在于长年累月中不断增值的改革创新、对员工贡献的重视以及清晰的使命目标。这些组织机构会通过自我批评和鼓励试验来"维持核心及激发进步"，进而保护他们的核心价值观。关于企业成长，他们会制订宏伟、艰巨和大胆的目标（BHAGS, Big, Hairy, Audacious Goals）推动改革。有些组织在纪律和对使命的热情上近乎狂热。此外，他们认为多为员工提供本土化管理能集中培养他们的领导力。并且，尽管有时候有野心有风险的目标可以激发员工活力，但仍需坚持对价值观进行检测。

同时，规划继承人十分重要。在通用电气，有一个环节就是培训和淘汰最佳管理者。通用电气的传奇人物杰克·韦尔奇（Jack Welch）就非常重视这一环节，他花了多年时间在继任者培训上。这对管理能力的提升有着重要意义。若能在培训方面进行投资，培养一位既有实干能力又认同核心价值观的员工，公司就相当于获得了长期稳定的发展。反过来，这也能增强在关键目标上的凝聚力。未能"基业常青"的组织机构很有可能会面临混乱和不同程度的失败。

柯林斯接着调查了一些经历"从优秀到卓越"的公司。一支研究队伍花了5年的时间研究了评估成功的几种方式，比如组织机构是否保持15年的财政稳步增长。这些组织机构的成功取决于以下几个因素：

- 核心业务上成为世界领先；
- 选择适合的人上车；
- 勇于面对失败；
- 营造纪律文化；
- 发挥技术的加速器作用。

柯林斯也关注了这些公司的领导力特征。在从适度到典型的五个层级领导力连续统一体中，第五层级以自谦和专业意志为主要特点。这包括愿意把成功归于团队而非个人。一旦出现失败，第五层级的领导也会遭到指责。这种有点"无我"的方法在当今组织理论上获得了较大程度的接受。

研究发现，在这些关键的领导力特征之外，这些大公司还有其他的特点。确保"适合的人上车"说明他们强调聘用一支具备实力和专注度的队伍。人品胜过一张花哨的简历,这些组织会快速淘汰那些不作为的人,从而把机会留给最佳员工。另外一个重要因素是,要在严谨的评估数据上建立内部交流和决策机制。带着问题来领导的管理者鼓励开放的对话和辩论,相应问题便能直接得到解决。团队在工作中要明确核心竞争力和细化目标。开放的对话为探索新观点提供了可能,但也要平衡好自由和责任两者之间的关系。最后,纪律可以为成功保驾护航。比如,在战略规划中,组织可能会面对许多有价值的和振奋人心的选择,然而您或许会基于现实做出艰难的选择,这些选择会产生少量的优先事项,甚至是一系列不再受到支持的活动。本书中的一些概念以技术在进入新兴市场和支持公司运行方面的价值为基础。

这些想法又是如何影响博物馆领域的呢?在 2005 年,柯林斯受到启发在其专著《从优秀到卓越与社会各界》(*Good to Great and Social Sectors*)[3]中更密切关注了非营利部门。虽然并没有对非营利机构开展广泛的研究,但他对该领域的分析却对我们有很大的帮助。他认为:

- 您不必像企业家那样成功,但一定要自律;
- 衡量影响力对评估您完成使命的能力至关重要。

柯林斯认为,第五层级的领导者在社会各领域表现出色[4]。包容力和凝聚力对非营利机构一些典型的复杂治理体系和分散的权力架构至关重要。由于吸引低薪员工较为困难,又考虑到培养专业的员工、理事会、观众和能倾听并为目标团结一致的领导者的必要性,柯林斯认为用使命来激励他们就显得尤为重要。成功的非营利机构能塑造组织品牌，管理资金流动，保障志愿者服务，增强项目研发能力从而获得社区支持[5]。有趣的是，关注社区的不仅仅只有非营利组织，下面是星巴克公布的核心价值[6]：

- 营造温馨、具有归属感的文化氛围来欢迎每一个人；
- 勇敢做事，挑战现状，找到促进公司和员工互相成长的新方式；
- 立足当下，透明、尊严和尊重相结合；
- 在一切工作中尽我们所能，让自己有能力对任何结果负责；
- 在人文关怀中追求绩效卓越。

除了对使命、价值观、社区的承诺，成功的组织也具备在决策上"开放管理"和"过程公平"的特征。前者侧重与员工广泛共享信息。一个能进行内部学习和保持运行透明的组织明显能占领先机[7]。开放式的方法可以让员工在规划和评估中知晓公司的运行信息。这种分享有助于员工更好地了解产品成果、预算实际和顾客看法。员工了解得越清楚，越能更好地决策。同样地，金姆（Kim）和莫博涅（Mauborgne）在20世纪90年代晚期提出"过程公平"，即通过协作决定未来发展方向，一共可以分为三步：参与、解释和明确预期。要取得支持和信任需要领导者建立一套流程，即先寻求反馈再作战略性决定，以证明所作决策的合理性，最终为各位员工制订行动方案[8]。

通过对非营利机构内在价值观的学习，许多企业或许正以开放的姿态寻找机会，作出改变。哈佛大学米歇尔·波特（Michael Porter）教授和马克·克雷默（Mark Kramer）教授在他们具有划时代影响力的论文《创造共享价值》中提倡，营利机构、社会部门和政府可以在公共服务上携手合作[9]。尽管这在博物馆领域还不失为一种新的思考，但还是可以期待与营利机构协同合作，共同传递使命。受社会激励的企业会关注员工待遇、可持续发展、负责任的制造，并积极为社会事业贡献资金。但如何实现使命导向的非营利组织和利润导向的营利组织之间的跨界还是个问题。关于这方面的一些创新模式将在第六章中作更详细的探讨。

二、非营利理事会治理

2015年发表在《哈佛商业评论》（Harvard Business Review）的一项研究显示，非营利理事会在几个关键领域存在不足：不理解组织使命、缺少CEO/执行董事的继任规划、资金筹集不堪重负以及频繁的管理动荡[10]。第一章中我们总体了解了非营利部门的领导力，特别是博物馆领导力要面对的挑战。有关管理动荡的一个例子是史密森学会在2007—2009年面对的危机，当时理事会因未能意识到顶层财政的管理不善，导致整个领导体系大整改[11]。在这一案例中，世界上最大和最有影响力的博物馆体系因高层领导滥用权力而受到国会调查。这也导致理事会的章程、架构和主要领导发生颠覆性变革。此后，史密森学会官网公布了新的伦理准则和绩效跟踪体系，在问题的解决方式上更加透明公开[12]。类似的问题也发生在洛杉矶县立当代艺术博物馆（Los Angeles County Museum of Contemporary Art）上，加利福尼亚州检察长对博物馆的资产管理不善展开调查，并命令理事会接受财政管理培训。[13]

似乎这两家博物馆和其他几个博物馆并不熟悉，或者说它们并不是非营利理事会的最佳实践。1996 年由泰勒（Taylor）、查特（Chait）和霍兰德（Holland）[14]开展的里程碑式研究中概括了使理事会更具前瞻性和有效性的各种方法，它们包括：

- 与 CEO 保持紧密合作；
- 以问题为导向而非过程驱动；
- 成为分析问题的解决者；
- 技能和人口统计多样化；
- 以信任、尊重和坦诚的方式经营；
- 通过多种渠道搜集信息；
- 制定绩效考核。

一个有效的理事会具备多重活力。2017 年美国博物馆联盟（AAM）和理事会资源（BoardSource）达成伙伴关系，共同倡议提高理事会绩效[15]。《2017 年全美博物馆理事会领导力报告》(*Museum Board Leadership 2017: A National Report*) 对 1 600 名来自博物馆领域各个部门的员工，包括理事会主席和 CEO 在内，展开调查。调查显示，理事会成员缺乏多元性，强调资金募集，对倡议的重视度不够，自我评估较少甚至没有，缺少绩效目标和始终如一的 CEO 继任规划。积极的一面是 CEO 和理事会主席之间的关系在很大程度上是融洽的。但理事会文化在参与度上得分较低，在对战略问题的重视度和承担失败责任的占比上也较低。现如今，非营利组织为充分证明自身是社会的基本组成部分、经济活力的主要来源，压力越来越大。AAM 正采取进一步措施，借此倡议推动理事会和 CEO 们开展最佳实践，以吸引社区和立法者参与[16]。

扩大理事会发展项目也将会是 AAM 未来的战略主张。幸运的是，一些博物馆理事会已经开始采取措施。衡量博物馆成功与否的一个重要元素是开展绩效考评，肯塔基州路易斯维尔市的斯皮德艺术博物馆（Speed Art Museum）就是一个很好的例子。他们的理事会有一张员工绩效一览表，确保他们的成员真正多元化[17]。

三、博物馆标准和最佳实践

AAM 的评估和认证项目就是基于这一全新的治理尝试，它能够保证我们有能力获取公众信任[18]。文本框 2.1 概括了负责任的领导者需重视的问题。

文本框 2.1　确保公众信任
明确的使命和清晰的价值观
坚持伦理准则
绩效测评问责制
财政稳定措施
藏品和设施维护
重视人力资源管理
政策和决策透明
社区影响
强有力的领导

总的来说，博物馆领域在过去几十年采取了一系列常用做法。所有博物馆都需要支持这些强调管理、公众服务、透明公开和禁止

利益冲突的租户。博物馆伦理准则覆盖多个领域，包括藏品的获取和租借、与企业和个人捐赠者共事、管理透明、藏品的出售和遣返等。美国州和地方历史协会、国际博物馆协会（International Council of Museums）和艺术博物馆馆长协会（Association of Art Museum Directors）也已发表了类似的声明。其中，对最佳实践编写最严格的可能就是美国博物馆联盟的认证过程。这是一项同行评审体系，且认证仅授予美国一小部分博物馆。幸运的是，这些已通过认证的博物馆所公布的最佳实践得到了大多数博物馆的采纳。

文本框2.2的左边列举了AAM的基本标准，右边是最佳实践。举个例子，规划方面，博物馆应有一个当前战略规划，而设施方面的最佳实践是可持续发展的绿色设计。或许最重要的是做正确的决定。博物馆必须规避在藏品、员工、资金筹集和设施管理方面的主要风险。制定决策的基础就是形成一个战略规划（见图2.1）。

文本框2.2 基本标准和最佳实践	
基本标准	最佳实践
规划	战略规划
藏品	藏品规划
伦理	决策透明
资金筹集	捐赠者/赞助者政策
设施	绿色设计
财政	资源平衡
员工	员工发展
管理	理事会/CEO 关系

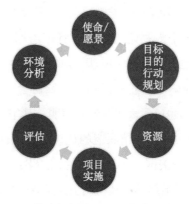

图 2.1　战略规划流程（经作者允许使用）

博物馆规划始于环境分析。优势（strengths）、劣势（weaknesses）、机遇（opportunities）与挑战（threats）——简称 SWOT 分析法，可以为博物馆未来如何取得成功明确愿景，使其与使命保持一致。怎么确定愿景已经实现？目标和行为计划就是可付诸实施的方法，比如，开发藏品规划以指导未来的收藏和决策。博物馆可以有许多目标，诀窍是要设置优先级、顺序关系和测试可行性。规划越具体，对员工的时间、资金资源的分配就越有利。当然，资金募集常被看作获取资源的方法之一。目标的实现需一段时间，一经实现也可对其成功与否进行评估。评估所得的经验反过来又直接与环境分析相关联。这是一个循环的过程，其间也会经历来回反复。规划需灵活、有弹性，也需经成员、理事会和利益相关者团体制定和评估。当前的标准包含一系列运营价值，它们为决策框定范围。圣地亚哥人类博物馆（San Diego Museum of Man）的战略规划就是该方法的一个极佳案例。博物馆采用了一套价值观来指导关键性决策，并塑造内部运营文化[19]。

当前，员工发展这一战略目标受到越来越多的重视。员工需要成长的机会，需要学习如何在组织中高效工作，做好向上发展的准备。我们会在后面的章节中探讨博物馆是如何实施这些项目的，其中一些典型的案例涉及帮助员工沟通、团队学习、项目管理、时间管理、共商改革和执行指导等。此外，顾客服务和观众培训也同样重要。

四、21世纪博物馆范例掠影

20世纪初期，美国博物馆联盟公布了一项调查，研究了六个博物馆的成功案例。虽然在标准的定义上没有柯林斯等人的广泛，但也代表了一种评估博物馆成功与否的更为系统的方式。由安妮·伯杰龙（Anne Bergeron）和贝斯·塔特尔（Beth Tuttle）编写的《吸引力：参与的艺术和科学》（*Magnetic: The Art and Science of Engagement*）列举了在财政稳定和公众服务上做了最佳实践的几个博物馆，指标涵盖定性分析和定量分析——年参观量、运营成本、收入来源、会员、员工数量、捐赠和为期十年（1999—2009）的可持续项目。其他衡量因素还包括使命、价值观、领导力、社区构建、观众参与、市场与品牌。重要的成功元素则包括团结组织内外部股东，重视公众服务，建立联系和创新型项目[20]。书中列举的案例包括：匹兹堡儿童博物馆（Children's Museum of Pittsburgh）及其针对邻区青少年的孵化项目；克莱斯勒博物馆（Chrysler Museum）及其鼓励每位员工成为领导者的理念；康纳·派瑞博物馆（Conner Prairie Museum）的游客参与创新项目；富兰克林学院（Franklin Institute）及其重点高中的

STEM(科学、技术、工程和数学)学习;菲尔布鲁克艺术博物馆(Philbrook Museum of Art)二十余项沉浸式社区伙伴关系[21];等等。总结而言,这些组织的成功都是重视了以下要素[22]:

- 人力和智力资源;
- 利益相关者的社会资本;
- 良好的意愿和声誉;
- 财政稳定。

博物馆最佳实践的一个方面——数据衡量正在受到越来越多的重视。重视人员管理和财政资源的博物馆非常看重观众和财政绩效的数据。对这块需求给予回应的组织有:科技中心协会(Association of Science and Technology Centers)、儿童博物馆协会(Association of Children's Museums)和美国动物学协会(American Zoological Association)。这些协会为博物馆提供了标杆,帮助他们越来越多地开发与战略目标相关的自身衡量指标。而目前最明智的做法就是培养所有员工的财政素养。[23]

读者在后续章节中会了解到许多成功的博物馆如何转型以应对 21 世纪的挑战,以及领导这些改革的个人所具备的特质和能力。下一章我们将会探讨在组织中领导改革的过程,以及在转型中起着关键作用的领导者需要克服的障碍。

问题讨论

1. 博物馆能从成功的运营经验中受益吗?这种做法会不会

在某种程度上损害博物馆部门的伦理和独立性？

2. 根据非营利管理的最佳实践，博物馆理事会如何更有担当？如何重塑自我？

3. 思考吉姆·柯林斯关于第五层级领导力的观点，哪种类型的博物馆领导者有可能践行这些特征？

4. 对比 AAM 认定的成功博物馆的特征，您的博物馆是如何达到标准的？

注释

1. Jim Collins and Jerry Porras, *Built to Last* (New York: Harper Business, 1994).

2. Jim Collins, *Good to Great* (New York: HarperCollins, 2001).

3. Jim Collins, *Good to Great and the Social Sectors* (self-published, 2005).

4. Ibid.: 9-12.

5. Ibid.: 32-33.

6. Starbucks, "Our Values," https://www.starbucks.com/about-us/company-information/mission-statement.

7. John Case, *Open-Book Management: The Coming Business Revolution* (New York: Harper Business, 1995).

8. W. Chan Kim and Renee Mauborgne, "Fair Process: Managing in the Knowledge Economy," *Harvard Business Review*, 75, no.4 (July-August 1997): 69.

9. Michael E. Porter and Mark R. Kramer, "Creating Shared Value," *Harvard Business Review* 89, nos. 1-2 (January-February 2011): 62-77.
10. "The Sorry State of Nonprofit Boards," *Harvard Business Review*, September 2015, https://hbr.org/2015/09/the-sorry-state-of-nonprofit-boards.
11. Pete Smith, "Tongue Tied at the Top," in *Stanford Social Innovation Review* (Spring 2009), https://ssir.org/articles/entry/what_didnt_work_tongue_tied_at_the_top.
12. 理事会已实施了一系列管理改革,但在问责和监督上仍需要持续性措施。美国政府问责办公室2000年5月报告,http://www.gao.gov/products/GAO-08-632.
13. Randy Kennedy, "Los Angeles Museum Board Members Ordered to Undergo Financial Training," *New York Times*, April 19, 2010, https://artsbeat.blogs.nytimes.com/2010/04/19/los-angeles-museum-board-members-ordered-to-undergo-financial-training/?emc=etal.
14. Barbara Taylor, Richard Chait, and Thomas Holland, "New Work of the Nonprofit Board," *Harvard Business Review* (September-October 1996), https://hbr.org/1996/09/the-new-work-of-the-nonprofit-board.
15. BoardSource, *Museum Board Leadership 2017: A National Report* (Washington, DC: BoardSource, 2017).
16. American Alliance of Museums, *Stand for Your Misson*, 2016, http://standforyourmission.org/wp-content/uploads/2016/

09/stand-for-your-mission-museum-guide.pdf.

17. Ted Loos, "Speed Turns to a Spreadsheet to Increase Diversity," *New York Times*, March 17, 2016, https://www.nytimes.com/2016/03/17/arts/design/speed-museum-turns-to-a-spreadsheet-to-increase-diversity.html?_r=0.

18. Martha Morris, "Maintaining the Public Trust," *Newstandard* (Summer 2006):4-5.

19. San Diego Museum of Man Strategic Plan, http://www.museumofman.org/strategicplan/.

20. Anne Bergeron and Beth Tuttle, *Magnetic: The Art and Science of Engagement* (Washington, DC: American Alliance of Museums Press, 2013):9-10.

21. Ibid.:27.

22. Ibid.:163.

23. Anne Bergeron and Beth Tuttle, "A Magnetic Science Center," *Museum* 96, no.3 (2017):34.

第三章　领导力理论和管理变革

包括博物馆在内的所有组织都会经历改革，应对好这一挑战对获得成功非常关键。本章主要探讨组织从生命周期中进化，努力推行改革的一些关键因素，管理改革中存在的固有问题，以及博物馆如何成功应对改革的案例。领导层的更替、重组、兼并以及其他对博物馆的破坏因素表明了这一挑战。

一、博物馆中的变革

在第一章中，我们研究了许多影响博物馆立足当今世界的外部因素，这些因素包括观众类型的变化、竞争力、技术、气候变化、全球化、经济衰退、建筑扩张和劳动力需求。在 21 世纪，我们特别关心的还有数字化社会、对自我治理的依赖增加、个性化学习和社会公平这一社区响应的关键驱动力。博物馆必须更好地在社区中发挥他们的作用。事实上，我们需要转型，以确保在变化的世界中保持韧性和弹性。让我们一同来看看这些趋势以及博物馆是如何应对的。

1. 紧缩

近几十年，博物馆领域一方面见证了初创企业和新建筑的快速成长和落成，另一方面也面临严峻的资金短缺问题。博物馆已采取了大量应对措施，包括冻结薪资和暂停雇佣、转临时岗、招募合同工和更多地依靠志愿者和实习生。周期性衰退和政府削减开支已经给博物馆带来人员精简甚至直接裁员问题。例如，2008年的大萧条导致投资收入下降和慈善捐赠减少，像西雅图艺术博物馆（Seattle Art Museum）、陶布曼艺术博物馆（Taubman Museum of Art）、大都会艺术博物馆（the Metropolitan Museum of Art）和盖蒂博物馆（the Getty）都经历了裁员。裁员通常受财政紧张所迫，但有时也是希望通过员工重组实现新的战略目标。比如，2012年盖蒂博物馆解雇了一批教育人员，将资金投入更为重要的展览和藏品业务[1]。2014年华盛顿赫希洪博物馆（Hirshhorn Museum）决定培养观众服务的骨干员工，以取代长期以来作为核心的讲解业务。许多讲解员已在博物馆工作了近四十年，但博物馆希望能有一个更为年轻的人员结构[2]。

有时候员工变动颇具戏剧性，例如2017年初，威廉斯堡殖民地（Colonial Williamsburg）展览馆在未提前通知的情况下就宣布裁员，理由是需要进行"与财政稳定相关的重要但困难的改革"[3]，这给做讲解导览的员工带来很大冲击。这一事件后，又有华盛顿新闻博物馆（Newseum）宣布裁减26个职位，这是该馆自2008年新大楼开放以来的第五轮裁员[4]。2017年底，威廉斯堡殖民地展览馆又宣布进行新的重组和大量裁员以保全机构，但这显然是在减少捐赠上的开销以支撑其衰败的营利部门[5]。

早在20世纪90年代，博物馆就已经埋下了变革的种子。作者的一项调查发现，83%的受访博物馆正在经历组织变革，其中包括资金减少，尤其是政府来源的资金。其他变革的原因还有经营新馆、新馆长的优先级和员工更替。在众多变革项目中，最重要的是为社区提供更好的服务。鼓舞人心的是，有迹象表明，已有高层领导想要在以价值观为基础的决策体系和员工参与的包容性上作出改变。内部交流成为一个重要的关注点，信息分享形式和寻求员工投入正在兴起[6]。在接受调查的博物馆中，组织架构和运营上的变动较为频繁。已公开的变动类型有：从职能条块分割向项目制转变；财务上开放全馆的订单管理；设立聚焦筹资和技术的新部门；重视顾客关系。

2. 藏品风险

2004年和之后的遗产保护研究显示，大量藏品未录入，储存环境差，亟待基础的稳定性处理[7]。博物馆藏品保护能力滞后，可能导致其主动退出。例如，布鲁克林博物馆（Brooklyn Museum）于2009年把纺织品和服装藏品转让给了大都会艺术博物馆[8]。尽管藏品管理和保护负担日益加重，但许多博物馆仍未能制定藏品计划以指导未来的收藏。令人担忧的是，随着具备策展或其他藏品专长的老员工的退休，部分藏品成为"孤儿"，且比重不断上升。实际上，博物馆已经开始有意识地将其稀缺资源引入公众活动，包括教育项目、展览、网络项目、新建筑、筹资与营销，可这往往以牺牲藏品保护为代价。不仅藏品面临风险，博物馆的设施也不断面临延期维修的资金积压问题。史密森学会报告称，2017年春季的设施项目就积压了10亿美元之多。

3. 领导更替

《艺术新闻报》(Art Newspaper)的报道称，美国（可能在其他国家也是）馆长一职的空缺数量在不断增加[9]。退休馆长的更替会造成大量职位空缺、招聘滞后和员工各种程度的不确定性。几乎每个国家的城市、地区和不同类型的博物馆都出现过这一现象。新馆长填补了空缺职位，变革就无处不在。每一位新馆长都可能想要改变组织结构——在许多情况下制定新的战略方案。一个典型的例子就是史密森学会秘书长大卫·斯科顿（David Skorton）2017年提出的新的改革计划。在前一任秘书长综合性规划的基础上，他增加了新的重点领域和战略，旨在加强学会的网络显示度和实现国会财政削减背景下的收入多元化。计划一经推出，所有项目（博物馆）和支撑（行政）部门一同努力制定补充计划以实现新愿景。比如，重新强调观众参与，通过教育项目、数字连接和与外部团体的合作来接触和拓展新观众。关注"一个史密森学会"的理念，强调在财政紧缩时期创建跨职能的规划团队、共享资源，以及采取至关重要的新运营政策和标准的重要性[10]。新的战略规划就是个例子，但通常馆长们也需要快速应对外部变化，尤其是观众需求的变化。博物馆越传统，困难就越大。比如，如果您拥有大型的百科全书式的藏品，设施开销巨大，可能在建立注重当代艺术的藏品和展览上较难快速转变方向，这对现有项目和员工工作的影响将会是破坏性的。

所有领导层的变动都会带来一段调整期。政府、行业、非营利组织权力的转移也会给受影响方带来一段压力期。它提出了组织需要什么类型的领导及其相对稳定性的问题。我们需要强势的、能扭转失败局面的领导者吗？我们需要能进行逐步改革以应对外界期待和挑战的领导者吗？我们需要从根本上重新设计我们的体系和项目吗？还是我们需要一位能维持现状的领导者？我们寻找的优秀领导者身上有什么样的特点？为什么人们对我们的理事长、非营利部门的高管和企业领导人如此失望？作为公民、社区成员、顾客、股东或者员工，我们如何适应新的运营方式、政策命令、组织重构和权力分配？组织中的每次变革与合并——是建立新伙伴关系，抑或是破产，都将对这些组织开展业务产生重大影响。

  变化可以是积极的，也可以是消极的，这取决于你的处境。2007年史密森学会秘书长拉里·斯莫尔（Larry Small）离开时，可能有些员工觉得这是积极的，有些则认为是消极的。前者认为斯莫尔在职期间没有谋好本职；后者则感觉自己的职位也岌岌可危。博物馆领导人不断更替其实极具破坏性。费城的请触摸博物馆（Please Touch Museum）自2008年搬进新场馆后有过几任馆长，同样的情况也发生在华盛顿历史学会（Historical Society）自2001年搬迁新场馆后。每次新馆长上任伊始都会面临各类挑战，对员工调整的影响较大。在寻找新的执行馆长时，临时馆长会介入以维持组织运行。有时博物馆馆长们会寻找非传统型候选人，他们或许有非凡的业务技能，但对非营利机构和博物馆了解不多。

  如上所述，在新的领导时期或者在现有领导下，博物馆可能会通过重组来更好地完成使命、服务公众。甚至在更极端的情况下，与另一博物馆合并也是解决方法之一。重组几乎总是为使命服务，因为需要核心员工到位以实施新项目。如果发生重大裁员或项目合并，重组也同样必要。事实上，这些结构性调整非常频繁。

实行重组有许多原因，最普遍的包括：

- 实施新的战略计划；
- 经济影响和裁员；
- 新的馆长上任；
- 扩张和增长；
- 员工继任和更替；
- 多样性倡议。

4. 转机

因拯救多个表演艺术组织而闻名的迈克尔·凯瑟（Michael Kaiser）在他 2008 年的出版物中分享了这些转机带来的经验教训。

成功的关键战略是决不能削减核心项目，并进行积极的市场投资。保护那些与非营利机构的核心和使命相关的工作十分关键，因为它能使主要的资助者相信组织管理良好，也能使他们通过战略规划知晓劣势和优势。这对于想要全面裁员或想牺牲核心员工以节省资金的博物馆至关重要。任何削减都应具备策略性[11]。

5. 生命周期背景

要了解改革的过程最好得知晓博物馆处于组织生命周期的哪一环节。下图（文本框 3.1）的生命周期显示了成长、衰老和复兴的六个阶段。

> **文本框 3.1　博物馆生命周期**
>
> - 婴儿期：创办的兴奋
> - 青春期：快速发展和混乱
> - 全盛期：成功与改善
> - 贵族期：坐享其成
> - 官僚期：规则统治
> - 衰败期：关闭或重生

我们可以从这种模式中洞悉改革的动态以及组织适应不同时期的能力[12]。一个新组织的早期阶段（婴儿期和青春期）没有什么组织结构，它成长快速，充满不确定性和兴奋感，或许还有占主导地位的创始人和领导。随着组织逐步推行计划、寻找外部伙伴、筹集资金和招募员工，就需要在成长和稳定中找到平衡。在全盛期，博物馆必须足够稳定才会有成长的空间，同时也需要创建安全管理的体系。博物馆进入贵族期后就倾向规避风险，因为现有的名誉和财政资产容易使其产生无懈可击感。如果博物馆转向官僚期，对新想法的热情会受规则限制，很快就会导致员工的不快和更替。当跌至衰败期，关联性已几乎不可能存在，若想维持组织继续生存，变革就成为唯一的选择。在这个周期中，任何一个博物馆都会经历前后往复。重要的是知道您的博物馆在这个连续统一体中处于什么位置。在官僚期中，领导改革或许就是在做无用功！克服自满的关键在于留意组织文化。纽约大都会艺术博物馆就是一个生命周期和变革的形象案例。2017年，托马斯·坎贝尔（Thomas Campbell）馆长在重压下辞职。他在任职期间进行了大刀阔斧的改革，包括数字化项目、网站整改、品牌重塑和建立新的公众项目，其主要影响力在于强调当代艺术和新设施的扩张。所有这些变革都代价高昂，超支严重。最根本的是，作为一个处于贵族期的组织，这些变革操之过急了。[13]

6. 员工对变革的反应

在危机时期，管理和变革对博物馆领导者来说是一个微妙的过程。伊莱恩·古瑞安（Elaine Gurian）在其1995年出版的《机构创伤》（*Institutional Trauma*）中的《移动博物馆》（"Moving the Museum"）一文中描述了波士顿儿童博物馆在新场馆转型中对员工产生的影响。这次转型涉及员工与承包商之间、员工与员工之间新的工作方式，在此过程中员工感到孤立无援，在新环境中也对角色和责任产生不确定性，向高层提出更多超预期的关注。[14]组织中的每一次变革，不管是重组、兼并、建立新伙伴关系、破产，还是产生新的领导，都会对组织的业务开展造成巨大影响。从个人层面，员工常会担心：

- 他们会失业吗；
- 他们会被调离吗；
- 他们是不是要承担新的责任；
- 谁来管事。

从作者的经验来看，下列说法回应了1995年美国国家历史博物馆（National Museum of American History）的计划改组：

"只要我不参与，变革就是好的。"
"只要没有意外，变革就是好的。"

为什么变革如此困难？不同的个体反应取决于多种因素：各自的学习方式，在组织中的地位，还有他们的专业期望。不幸的是，员工肯定会对变革作出各种不同的反应，如文本框 3.2。

> **文本框 3.2　员工对变革的反应**
> - 疑惑
> - 退出
> - 恼火和反抗
> - 身份丧失

这些反应大多是负面的，若不适当介入，会持续影响整个变革过程。新的领导下进行的重组就是个例子。《纽约时报》1999 年 7 月刊中的一篇文章就探讨了博物馆重组的趋势，文章采访了一些馆长，他们对部门合并、新的支撑部门以及馆长价值被集权削弱感到害怕。在这种情绪的背后其实是在警告我们，博物馆正在往倾向筹资和营销的"商业实践"转变[15]。这一趋势始于 20 世纪 90 年代早期并延续至今。组织变革总会造成不协调，从而产生失控、地位改变和失去积极工作关系的可能性。但有些个体也会积极应对，把变革看作发展和提高的机会。

变革的根本其实是雇员和管理者之间的契约问题，这种契约分为三个层面。第一层是与组织的正式关系，包括岗位工作和绩效预期；第二层是心理契约，它是基于信任的隐性关系；第三层是社会契约，它关系到管理层如何按照其规定的价值观行事。这三个因素都会受变革影响，心理和社会契约通常在变革中风险最大[16]。变革往往有益于组织发展，但用何种方式开展才能缓解员工的担忧呢？至少要告诉员工变革会对他们的合同与日常工作产生什么样的影响。此外，员工也需清楚他们能为变革做些什么。

7. 应对方式

最好的方法是帮助员工理解，变革的过程也是一个转型的过程，通常需要试验精神和创新精神。管理层也应当坦承凡事不会都有答案。最后，尊重过去有助于顺利度过转型期。比如在迁往新馆的案例中，庆祝过去的成功、尊重老馆对员工的意义都是有价值的，也能借此机会凝聚包括理事会在内的所有人。乔治·华盛顿大学博物馆（George Washington University Museum）在2015年与纺织博物馆（Textile Museum）合并时就做到了这一点。

关于如何致力于顺利度过变革的转型期已有许多著作问世，其中以威廉·布里奇斯（William Bridges）的最为经典。他描绘了三个阶段：(1) 结束并宣布变革；(2) 员工开发新想法的中立区；(3) 员工准备跨入新环境的新起点。其中，任一阶段都能终止变革。即便个体员工意识到旧的业务结构和方法不再被接受，新计划又悬而未决，但他们仍然会准备好在整个变革过程中的不同时期继续前行。"中立区"的不稳定和不确定普遍存在，许多人会倍感不适。如下列举了成功的变革过程的根本要素[17]：

- 沟通；
- 行为一致；
- 对抗阻力。

  作者调查研究发现，历经变革的博物馆通过各种途径为它们的员工提供支持，如咨询、指导、沟通、庆祝，最重要的是耐心。美国国家历史博物馆于1995年实行了新的战略规划和重组[18]，在自下而上设计、密切关注员工的战略规划中，参与的员工超过一半。重组促成了规划的实施，并产生巨大影响。20多个独立的策展人办公室合并成8个新的部门；员工搬至新的集中办公区域；任命新的管理者管理不同项目；主要的职能单位也重新命名。为确保转型平稳推进，他们采取了各种措施。首先，馆长任命一个工作小组制定了一套重组方案，内含3个方案；其次，将他们的审议意见与所有员工分享；最后，馆长选定计划后任命关键的副馆长推行，指定转型期为6个月。为顺利推行各种措施，成立了一个员工驱动的转型小组。成员资格自行确定，不允许任何管理人员加入该组。他们的工作是与组织内员工一同向管理层反馈重组过程中的意见。在这一过程中，其他的活动包括变更管理研讨会，监督、团队建设和沟通培训，市政厅会议，意见箱，以及与馆长的午餐会。此外，员工援助办公室提供相应的咨询服务。

  另一个博物馆重要变革更引人注目的做法是合并，在这一情况下多半会出现裁员。合并有更明确的法律涵义，影响也更持久。风险与回报总是并存。受经济规模、节省管理费用、接触捐赠者、会员、设备、有才能的员工和重要藏品、完善社区关系等多重因素影响，博物馆会选择兼并，但也有很多风险，比如品牌形象混乱、领导变动和裁员、理事会斗争、期望不明确、项目取消和 AAM 认证延误等。许多博物馆在服务（受众）和尊重（员工）上有着悠久的历史，社区情感深入人心。合并需要仔细的财务规划、可行性研究和良好的沟通，这也是一个漫长的过程，有时会持续多年。大多数兼并出于生存所需，辛辛那提博物馆中心（Cincinnati Museum Center，CMC）就是研究的案例之一。它在 20 世纪 90 年代由三个博物馆兼并而成——儿童博物馆（the Children's Museum）、自然历史和科学博物馆（Natural History and Science Museum）、历史博物馆（History Museum）。它们兼并多年，占用了新的设施，即标志性的联合车站。该过程涉及成立一个理事会，达成组织愿景与员工的兼容并蓄。经过多年摸索，博物馆最终在道格拉斯·麦克唐纳（Douglass McDonald）的领导下取得成功，他也同样开创了一种新的战略规划和商业模式。这一成功兼并也使 2012 年 CMC 与当地国家铁路博物馆和自由中心（National Underground Railroad Museum and Freedom Center）合并。成功的兼并说明了强有力的领导、制定整合计划、决策透明的重要性[19]。除去这些因素，在重组和兼并过程中也有其他障碍需要克服。更多的时候，兼并会导致裁员。尽管这些通常是正式的法律问题，但也有很多方法可以减轻变革的阵痛。组织虽没有义务告知员工裁员的理由，但在道德上可以给他们更多尊重，避免让员工觉得自己做错了事情，他们的服务应受到感谢。

二、变革领导力理论

要理解诸如合并、重组等成功变革管理的基础知识，可以去看看商业文献中的一些最佳实践。或许最著名的例子就是哈佛商学院名誉教授约翰·柯特（John Kotter）所主张的观点。和吉姆·柯林斯一样，柯特的研究和写作也受到了广泛尊重。他1996年出版的标志性著作《领导变革》（Leading Changes）催生了国际咨询业务。非营利机构可以从这一管理方法中吸取经验[20]。

柯特定义了变革的八个不同阶段（见图3.1）。有人或许会觉得这些阶段有重复性，但它们都有各自的价值。柯特详述了那些未能接受变革的组织存在的问题，比如自满、缺乏远见、沟通不善和倒退。因此，在变革的初期就需要建立紧迫感，这点尤为重要，因为自满和没有能力解决问题会成为障碍。组织倾向否认问题的存在，并通常会恢复到柯特所说的"快乐谈话"的状态。考虑到组织在生命周期中的位置（见文本框3.1），以及实际情况中可能会遇到问题，柯特视此为关键阶段。他指出，若看不见危机的存在，管理将止步不前。他观察到管理者总是花很多时间

图 3.1　柯特的领导变革阶段图
来源：kotterinternational.com

争辩却不行动,这常发生在像博物馆等以学术为导向的组织中。能提供大量与问题相关的信息和建立一个大目标以推动人们前进,至关重要。在重大变革中,有关组织状态的"硬数据"也十分重要。举例来说,如需裁员,就有必要对财政状况和高层为避免失业而作的方案作出明确说明。通常,这一阶段需要引起博物馆中层及以下员工的重视。一个著名的事件就是21世纪早期国家动物园发生的动物照料不善事件,当时饲养员已发出了警告。

组织一旦接受变革,就必须要成立一个指导联合体。因为决策通常比较复杂,又必须快速作出决定。联合体需要囊括那些具有一定地位权力、公信力和专业性的个人。吸引这些深受尊敬的员工进入团队至关重要。他们肩负"变革代理人"的职责,并会给组织带来信任感。柯特警告,组织内要避免过于自我和阴险的人。如果您要和一个高效的团队共事,就需要凝结一支互相信任和目标一致的组织队伍。规避权力斗争非常重要,不要让一个极度自我的人掌控团队。阴险的人则会慢慢侵蚀变革过程,他们表面认同你但背后却给你挑刺。

设定愿景可以帮助打破阻力和建立联盟。柯特认为,愿景是一个持续性目标,它必须明确可行、众望所归。这通常是整个变革过程中最困难的部分。您如何创造一个众人支持的愿景?您的博物馆在包容性项目上做得好吗?您的社区是否成为您规划的一部分?您的藏品管理体系在改善吗?愿景应能具体描述出未来的积极状态。

沟通愿景需要传递明确且连贯的信息。简洁,反复强调,讲述愿景的实施,提供资金,倾听反馈,这些都十分重要。美国博物馆联盟通过社交媒体和"倾听之旅"推出一项新的战略计划,其中多元性是关键所在,由此他们设立了一个全职岗位,以支持和执行此计划。愿景的实施同样意味着赋予员工克服变革障碍的力量,这些障碍通常指重组、改变政策和流程、培训员工和应对各层级的反对者。

柯特主张快速寻求短期胜利。当员工见到一些积极的现象发生,反对的声音便会受到压制,从而营造良好的态势,刺激投资。比如,如果您的变革足够重要,就可以吸引重大资助者投资,员工此时就会理解变革的价值所在。巩固收益需要持之以恒的改革,这也能进一步影响现有的运营体制。如果资金能支持您的教育项目,员工需要如何转变已有的方法?又会产生什么新问题?举例来说,新的建筑项目可能会带来新的观众,但也可能会带来藏品保护的压力。因此,所有这些元素的变革必须连贯,当然这在具体实践中也存在较大困难。

最终,变革的过程会在组织中固定下来。大范围的变革会让整个组织拥抱新方向并最终将新愿景嵌入组织文化中。然而价值观和新方法的认同并不是一蹴而就的,改革中也会因各种因素而状况频发,这些因素包括领导层更替、经济衰退和计划不善等。

幸运的是,罗伯特·简斯(Robert Janes)和他的同事在葛伦堡博物馆(Glenbow Museum)的研究被完好地记录下来。虽然柯特推荐的方法没有被用作指南,但葛伦堡博物馆的案例反映出一些相同的想法,特别是在20世纪90年代早期,当博物馆面临中央政府支持大量削减的紧迫局面时,该馆对员工职能进行彻底重组,实行六大战略,确立了明确的愿景。在与员工十几年的共事中,简斯创造了一项战略规划,成立了运营基金捐助组织,在出售或交换藏品中始终以使命为导向,建立扁平化的组织结构并把社区纳入项目中[21]。同样地,21世纪早期发生在美国国家历史博物馆的组织性变革要求其适应不断变化的世界,回应新的社区需求,以及增强博物馆的藏品和学术优势。来自组织各层级的员工联合起来领导了这次变革,并于1994年在博物馆范围内制定初步战略计划,从而带来一个全新的、更高效的组织结构。在员工、领导、理事会合作的基础上,博物馆在2001—2008年间成功应对了三次领导层变动,也成功实施了两项战略规划。外部世界和组织管理的复杂性一方面会导致领导更替,另一方面也让组织不断适应社会破坏性变化这一现实[22]。

综观艺术博物馆领域,有大量领导变革的有趣案例。布莱恩·费里索(Brain Ferriso)在其任波特兰艺术博物馆(Portland Art Museum)馆长期间,领导了他所谓的渐进式变革。作为一个处于贵族期阶段的博物馆,它刚从重大扩张中慢慢恢复,这一过程的确需要许多变革。赤字开支就是因素之一。费里索认为,变革要关注藏品、改善藏品的获取途径和明确财政责任。他和员工、社区谨慎合作,从而提高了透明度。这对维持组织的平衡至关重要[23]。

另一个在新领导和战略规划下实现重组的成功案例就是托莱多艺术博物馆(Toledo Museum of Art)。2010年布莱恩·肯尼迪(Brain Kennedy)领导并制定了新的战略规划,以支撑其财政计划和其他目标。这一过程吸取了超过400位员工的意见,在最终形成的4年战略规划中,其使命、愿景和目标都非常明确。整个过程的核心就是基于博物馆优势的重组,目标之一是建立一个有着21世纪"创新管理和筹资实践"的组织。2013年实施的结构变革中提出了一个矩阵方法,将关键战略分配给跨职能团队,高层领导者被指派为重大战略的"赞助商"。当然,员工的离职和招募也常在重组中发生。与此同时,博物馆重点突出优先项目,给员工机会以实践他们的创新性想法,并培养他们的专业性[24]。

另一个博物馆经历重大文化变革的例子是明尼苏达州历史学会（Minnesota Historical Society）。他们无论是在学会内部还是行业内都在努力灌输多元化和包容性的新价值观。博物馆首席融合官克里斯·泰勒（Chris Taylor）设计了一个流程,嵌入了以价值观为基础的包容性实践。创造共享词汇是关键步骤之一,目标是让所有员工认识到包容的紧迫性,建立一个更多元的劳动力输送通道,这一典型做法正对其他博物馆产生影响[25]。

今天,变革贯穿于大多数领导的思想中。我们在思考柯特的方法时发现,他的方法与第二章中提到的吉姆·柯林斯在书中讲到的经验也有相似之处。柯林斯讲到几点,"让适合的人上车"（结盟和联合）,设立大胆目标（愿景）,以及领导者的毅力（沟通和巩固收益）。另一本获得大众认可的管理学出版物是2011年奇普（Chip）和丹·希思（Dan Heath）写的《转变》（Switch）[26],书中含有大量强调变革的案例研究。希思夫妇倡导要找到组织内能代表成功的"亮点"或小案例,比如,哪些是运行良好而不需要改变的。相比彻底变革,该书更加注重变革的实操性,即它将如何经营。我们需要对其进行投资,我们不仅要参与愿景,也要能通过愿景的描绘让人产生共情。和柯特一样,《转变》建议组织应先一小步一小步地前进。分配员工去担任教练或内部变革的领导者非常重要。切实有效的变革方法是找到员工的优势"亮点",同时也让他们看到了从失败经验中提出问题的价值。使用内部变革代理人已成为一种非常成功的方法,他们可以说服其他员工接受愿景。

当我们在思考组织内的变革时,我们也需要考虑同时期外部的实际需要,本章的开篇就有提及。当今世界面临移民、贫困、种族歧视和言论自由等挑战,博物馆在提供一个安全的避难所和树立重要社会价值观上也感受到了重重压力。因此,博物馆要敢于冒险,在公众项目、展览和藏品中,为自身价值大胆发声。

在应对包容性需求上,如经济的转变、技术的大转型、向共享经济的过渡、保持弹力和关联性的挑战、日益增长的碎片化个人需求、社区关心,以及庞大数据的处理能力,我们不得不承认动荡和破坏也是生活的方式。事实上,组织性变革也是当前领导们的预想所在。应对破坏性变革也是 2000 年克莱顿·克里斯滕森(Clayton Christensen)和迈克尔·奥佛多尔夫(Michael Overdorf)发表在《哈佛商业评论》一文的主题[27]。当然,现今的世界更加复杂。他们在文章中介绍了一些刚起步的公司挑战传统公司甚至战胜传统公司的事实。面对在线学习的服务营利模式,传统高等教育课程已显过时;共享经济改变传统商业模式(当天送达);机器人和人工智能成为劳动力的威胁,这些都是例子。面对包容性、可及性和无数公众现今要求的多元化的教育和娱乐等方面的挑战,博物馆能否应对?不断深化的新的和更好的数据管理和信息的共享令我们无所适从。现在 Museum Hack(一个倡导打破传统方式参观全球最佳博物馆的小团队)可能会比传统的讲解员提供更有趣的博物馆学习体验。博物馆需要更灵活、更具前瞻性的思维。随着公共服务的不断提升,传统的组织会把资源用于产品改进，阻止这方面的努力就会妨碍整个发展进程。博物馆可以参照现在较热门的孵化器模式。克里斯滕森和奥佛多尔夫主张公司通过内部组团来设计新产品，该团队独立于现有的组织架构。在一些情况下，公司可以创建一些分拆公司来开发、收购或合并其他具有出色员工和技术方案的公司。博物馆很少这样做，少有的例子可能就是那些为产品开发建立营利性企业的大型博物馆。

不仅仅是公司，基金会也在经历变革。比如，在达伦·沃克尔（Darren Walker）的带领下，福特基金会采用新的观念和资金优先权来防止不公。基金会迅速调整了他们的出资目标，将项目从 35 个减少到 15 个，并建立内部跨学科队伍，在制定实际预算和成本分析上加强问责制[28]。

三、变革中领导的角色

做好变革中的管理工作需要一位娴熟的领导，既能平衡好组织内部权力，又能容忍多方意见。变革是凌乱的，所有的答案都不明显。分享权力，职责清晰，共情，以及对学习型组织的信任都是非常重要的。在下一章中，我们将探讨现代领导力的品质。这不仅仅需要领导信守承诺，也需要抓住主要矛盾合理决策的能力。在营利范围内进行大规模文化变革的一个例子就是微软公司。在 CEO 萨蒂亚·纳德拉（Satya Nadella）和人力资源总监凯思琳·霍根（Kathleen Hogan）的领导下，员工过度自满的心态被彻底整改，他们的变革强调创新多元、新理念和跨功能合作。作为一个处于生命周期中贵族期阶段的组织，文化复兴的必要性十分明确[29]。

理解博物馆生命周期非常重要，变革最好发生在全盛期最繁荣的时候。接下来一章我们将研究在营利和非营利领域中领导力的最佳实践，以及这些实践是如何在博物馆内开展的。总而言之，如果领导力足够有效、敏锐、大胆和坚定，那么变革对个人和组织都将是积极的，即便在危机时期也会产生正面效应。本书将探讨博物馆如何管理变革，以及那些有创造力的领导者如何发挥积极的模范作用，特别在第八章的案例研究中，列举的都是变革领导力的极佳典范。

问题讨论

1. 您的博物馆在组织生命周期中处于哪一阶段？如果是您，您将如何处理重要的变革过程？

2. 若经济突然衰退，您将如何处理博物馆重组的需要？不管是长期的还是短期的，您认为什么样的结构改革是最有效的？

3. 柯特的八个阶段在小型博物馆中是怎么运作的？在您的博物馆中如何合理地使用这一理论？

4. 博物馆应采取什么样的措施来确保受变革影响的员工平稳度过转型期？

注释

1. Lily Allen, "Getty Trust Announces Major Downsizing," *Art in America*, May 1, 2012, http://www.artinamericamagazine.

com/news-features/news/getty-lay-offs.
2. Peggy McGlone, "Hirshhorn Ends Docent Program, Telling Volunteers That They Are No Longer Needed," *Washington Post*, October 30, 2014, https://www.washingtonpost.com/entertainment/museums/hirshhorn-ends-docent-program-telling-volunteers-that-they-are-no-longer-needed/2014/10/30/24d1b8aa-5ec6-11e4-8b9e-2ccdac31a031_story.html?utm_term=.55dbaaec10ea.
3. Adrienne Berard, "Colonia Williamsburg Quietly Lays Off Dozens of Employees in Reorganization Effort," *WY Daily*, January 12, 2017, http://wydaily.com/2017/01/12/colonial-williamsburg-quietly-lays-off-dozens-of-employees-in-reorganization-effort/?platform=hootsuite.
4. Peggy McGlone, "Newseum Lays Off 26 Employees about 10 percent of Staff as Financial Struggles Continue," *Washington Post*, January 24, 2017, https://www.washingtonpost.com/news/arts-and-entertainment/wp/2017/01/24/newseum-lays-off-26-employees-about-10-percent-of-staff-as-financial-struggles-continue/?utm_term=.0ccb1c9a093a.
5. Steve Roberts Jr., "Colonial Williamsburg to Outsource Operations, Announces Layoffs," *WY Daily*, June 29, 2017, http://wydaily.com/2017/06/29/colonial-williamsburg-fundamentally-restructures-citing-dire-financials-business-news/.
6. Martha Morris et al., "Benchmarking Studies, 1995–2000," unpublished internal reports of surveys of thirty U.S.

museums by the National Museum of American History, Smithsonian Institution.

7. Heritage Preservation, "Heritage Health Index," 2004 report, http://www.conservation-us.org/our-organizations/foundation-(faic)/initiatives/heritage-preservation.

8. The Metropolitan Museum of Art, "About the Costume Institute," http://www.metmuseum.org/about-the-met/curatorial-departments/the-costume-institute.

9. Julia Halperin, "As a Generation of Directors Reaches Retirement, Fresh Faces Prepare to Take over US Museums," *Art Newspaper*, June 2, 2015, http://theartnewspaper.com/news/museums/fresh-faces-set-to-take-over-at-the-top-/.

10. Smithsonian Institution Strategic Plan 2017–2022, https://www.si.edu/strategicplan.

11. Michael M. Kaiser, *The Art of the Turnaround*, *Creating and Maintaining Healthy Arts Organizations* (Waltham, MA: Brandeis University Press 2008):1–14.

12. The life cycle of organizations is outlined by Ichak Adizes, *Managing Corporate Life Cycles* (Paramus, NJ: Prentice Hall, 1999).

13. Robin Pogrebin, "Metropolitan Museum's Director Resigns under Pressure," *New York Times*, February 28, 2017, https://www.nytimes.com/2017/02/28/arts/design/met-museum-director-resigns-thomas-campbell.html?_r=0.

14. Elaine Gurian, "Moving the Museum," in *Institutional Trauma*

(Washington, DC: American Association of Museums, 1995): 34-51.

15. Judith Dobrzynski, "Boston Museum's Restructuring Sows Fear among U.S. Curators," *New York Times*, July 8, 1999. B1.

16. Paul Strebel, "Why Do Employees Resist Change," *Harvard Business Review* (May/June 1996):86-92.

17. William Bridges, *Managing Transitions* (New York: Addison-Wesley, 1991).

18. 作者时任博物馆副馆长,与斯宾塞·克鲁(Spencer Crew)馆长一同设计了规划,为重组努力。

19. "Merger Case Study: Cincinnati Museum Center at Union Terminal," Strategic Restructuring: Partnership Options for Nonprofits. La Piana Consulting, http://www.LaPiana.org/resources/cases/mergers/09_2003.html.

20. John P. Kotter, *Leading Change* (Boston: Harvard Business School Press, 1996).

21. Robert R. Janes, "Embracing Organizational Change, a Work in Progress," in *Museum Management and Marketing*, ed. R. Sandell and R. Janes (New York: Routledge, 2007):67-81.

22. 该描述源自作者在1993—2001年出任高级管理层设计和领导变革过程时的第一手信息。

23. Brian Ferriso interview, National Arts Strategies, 2013, http://www.artstrategies.org/leadership_tools/videos/2013/03/20/how-do-you-re-engineer-a-cultural-institution-with-a-long-

history-and-numerous-stakeholders/#.WTMyvRiZPox.

24. Amy Gilman, "Institutionalizing Innovation at the Toledo Museum of Art," in *Fundraising and Strategic Planning: Innovative Approaches for Museums*, ed. Juilee Decker (Lanham, MD: Rowman and Littlefield, 2015):103-110.

25. 克里斯·泰勒在乔治·华盛顿大学博物馆研究系2017年3月9日高级研讨班上的报告。

26. Chip Heath and Dan Heath, *Switch: How to Change Things When Change Is Hard* (Waterville, ME: Thorndike Press, 2001).

27. Clayton Christensen and Michael Overdorf, "Meeting the Challenge of Disruptive Change," *Harvard Business Review* 78, no.2 (2000):67-76.

28. Darren Walker, "Moving the Ford Foundation Forward," November 9, 2015, http://us10.campaign-archive1.com/?u=3f89269c6132144b6f1c5ce78&id=4fe9d631dc.

29. Jack Robinson, "Culture Change Agents," Human Resource Executive Online, September 19, 2016, http://www.hreonline.com/HRE/view/story.jhtml?id=534361119.

第四章 当代领导力模式

前一章我们提到了变革的混乱和挑战,由此可见,领导力对组织的成功十分重要。本章将讨论当今领导者需具备的品质,特别是会探究几种个人领导风格,包括第五层级的领导、系统型领导、服务型领导和适应型领导,同时也会一并讨论有效方法、价值观和组织文化的重要性,并且会对比介绍合作领导与更为传统的个人领导之间的差异。在第三章所讲的经验教训的基础上,我们发现研究那些通过强调价值观来推行改革项目并获得成功的领导者非常重要。

一、组织性领导力类型

领导力的定义是不断变化的,关于它有着许多观点存在,且都十分有道理。被看作现代商业理论之父的彼得·德鲁克(Peter Drucker)认为,领导愿意倾听并希望被理解,但存在"任务重要,你是仆人"的思想[1]。德鲁克认为,那些高效的执行者往往善于践行同理心,学习并教导"让员工轻松地工作,轻松地拥有结果,从而轻松地享受工作"[2]。

关于领导力的现代文献也承认追随力的重要性。你可以去宣传鼓舞人心的想法，但若没有追随者，什么都不会发生。就如第三章中讨论的那样，领导和员工间的社会契约是领导力改革的重要因素。追随者可能是孤立的、冷漠的、抗拒的，也可能是热情的啦啦队。事实上，组织内的个体可以既是领导者又是追随者，中层管理者就扮演着这样的双重角色。忠诚始终在发挥作用。高效的追随者需要具备自律、独立、积极和拼搏的能力。在与追随者共事时，领导者有时会选择假定的竞争者或潜在对手，这使领导者有意识地去建立一种积极的关系和吸取不同的意见。对权力欲望的坦诚是一项战略，它可以让追随者努力解决困难，高明的领导明白这一点[3]。

对现代组织中领导力的影响和意义的理解一直是一个备受争论的主题。今天我们会从多个角度看待领导力，包括政治、社会、经济和文化等角度。领导对机构各部门的成功与否产生着巨大的影响，他们可以引导他人的工作取得积极的目标结果。领导力是我们在探寻的、可以指导组织度过危机的品质，我们需要有能力的管理者[4]。

显然，领导者和管理者之间还是有区别的（见文本框4.1）。但我们知道这些特质可以在个体身上得到融合。根据组织面临的情况，有远见的领导可能也需要去规划、监督和评估个人工作。管理者也可以踏出他们的管理角色去冒险，对组织变革抱有远大梦想。我们将会探讨迫使组织去寻找这类个体的因素。

第二章中我们谈到了组织成功的特点，我们知道吉姆·柯林斯主张谦逊，并十分注重第五层级的领导。这种领导谦虚无私，倾向给予员工信任而非沉浸在个人赞美之中。他们也能制定严格的标准，将意愿转变成卓越的成果[5]。哈佛大学的丹尼尔·戈尔

文本框 4.1　管理者 VS 领导者	
管理者把事做正确	**领导者做正确的事**
● 组织工作	● 制定愿景
● 制定计划	● 有承担风险的勇气
● 招募和培训员工	● 拥有宏观的视野
● 评估项目和员工	● 发展基本价值观
● 获取资源	● 员工赋能与拓展
● 分析需求/结果	● 倾听、帮助和指导

曼（Daniel Goleman）在他的一篇有关情绪和智力的文章中定义了高效领导力的持续性特征。在公司环境中，他发现成功等同于人格，领导者要能表现出自我意识、自我约束、活力、共情和积极的社交能力，所有这些特质又可以进一步定义为信任、开放、乐观、奉献、跨文化意识和团队构建[6]。相比超凡的智力，成功的领导者更需要展现那些聚焦团队行为和个人意识的品质。和柯林斯一样，戈尔曼明白领导力的重要性，他认为在理解他人和回应他人需求上需要共情。此外，对世界保有开阔的意识，成为一个良好的倾听者，听取组织内其他员工的看法，这些对创新都大有裨益。

彼得·森奇（Peter Senge）从另一维度研究领导力，他主张把重点放在个人的学习和理解上。他描述了一个整体的方法，包括：

- 系统性思考：理解宏观视野；
- 个人掌控：自我认知；
- 心理模式：认识并克服思维偏见；
- 共享愿景：建立一个所有人都能接受的愿景；
- 团队学习：分析经验教训。

森奇的理论始创于20世纪90年代早期，在今天依旧发挥着重要影响，在他的理论中，我们看到一种更具通力协作特征的领导方式——寻求共建愿景。系统性思考，着眼大局，不仅仅适用于CEO，同样也适用于其他不同级别的领导。成功的领导者不仅支持所有员工参与组织管理，也会提升员工总结学习经验的能力。心理模式对克服误解具有重要的价值，这些误解通常是基于对同事的态度存在根深蒂固的偏见而造成的。森奇最具影响力的理论是强调团队学习，复盘项目，推动进步。例如，在博物馆领域，团队对项目成功或失败的评估可以帮助他们在未来加以改进[7]。

1. 服务型领导

"服务型领导"这一术语首次于20世纪70年代出现于罗伯特·格林丽夫（Robert Greenleaf）的代表作中，当时他是电子通讯巨头AT&T的雇员。他认为领导力并不取决于如何运用权力，而是提供怎样的支持，领导应提供资源、培训、指导和奖励，分享决策。这一仆人式的领导方法在过去30年中日益受到欢迎，德鲁克、柯林斯和戈尔曼的作品中也反映出这一点。仆人式领导方法主张减少对员工的控制和摒弃自上而下的决策。这些领导帮助员工面对事实，调动他们变革的积极性，寻找未来的机会，倾听和表达共鸣，提倡和鼓励草根领导者的发展。仆人式领导依旧需要建立目标，保证雇员工作；但从各方面说，他们的角色是让个人获得成功。

和服务型领导相反的是自我陶醉者。这一性格特征在工作场所和社会中的表现已经说了很多，总的来说，这些领导具备非凡的突破力和创造力，拥有个人魅力。自我陶醉者是极佳的沟通者，可以创造强大的愿景并激励下属。但是自我陶醉者也有高成效和低成效之分。比如，史蒂夫·乔布斯（Steve Jobs）就被描述成粗暴的、独裁的和傲慢的，但没有人会否认他是有变革精神的，并最终还是卓有成效的。自我陶醉者的缺点在于他们都是以自我为中心，不信任别人，牢牢掌控决策，"合作"这两个字眼不在他们的字典中。基于他们强烈的权力欲和受赞美欲，我们可以想象这类领导将会怎样摧毁员工的士气和壮志[8]。

反思服务型和陶醉型的领导风格，我们可以看到领导力在两个极端间的波动。在一些例子中，强势、有魄力的领导最让人钦佩，在其他时候谦卑、能分担的领导更有效。事实上，领导力的类型可能更多地取决于组织的生命周期或组织面临的现状，关键是要灵活。研究显示，谦卑合作的方式能激励员工，尽管如此，有时"领导者的浪漫"还是会将我们吸引到他们的个人魅力和变革的愿景中。在危机时期，我们更倾向于支持这类能解决所有问题的领导者[9]。在技术快速更新的现代社会，大量刚起步的企业也倾向引入这类领导者。在对亚马逊和优步的评论文章中揭示了一种远非共情的职场心理，报告显示，员工就项目结果互相竞争，并对一些创新成果长期保密，会导致气氛极度高压和紧张。

亚马逊的CEO杰夫·贝索斯（Jeff Bezos）认为，"斗争带来创新"。亚马逊注重不断创新和满足顾客需求，同行审查和竞争在他们的意料之中，企业通过制定指标来推动决策和个人绩效。这种环境会带来多重抱怨并使任何想要平衡生活与工作的员工陷入两难[10]。在优步刚起步时我们也看到了一个乌烟瘴气的工作环境，性丑闻和对员工不尊重事件频出。幸运的是，我们越来越意识到职场文化将如何影响顾客对品牌的满意度，不良事件会随时被社交和主流媒体曝光，因此组织的人事职能变得越来越重要[11]。在反思职场环境和领导风格中，我们需要考虑实际背景，领导需要依据现状采取不同的领导风格。领导的风格转换越灵活，效果就越好。丹尼尔·戈尔曼已反思了这一问题，结论是：在危机中，权威型的领导是最佳的；在成长和包容时期，民主型风格较为重要；若想要构建员工优势，指导型风格更为管用[12]。

2. 适应型领导

或许与21世纪领导力最相关的理论是罗纳德·海菲茨（Ronald Heifetz）的著作。在不断发生破坏性变革的时候，适应型领导非常必要。支持让整个组织参与，就要努力了解团队该如何作出明智的决策。组织内的团队都可以对不断变革的必要性作出回应。适应型领导鼓励开展对话，讨论问题的根本，也能激发灵感和共情；但是因注重数据和现实，与其对话通常也会产生一种不适的气氛。与行为学习理论相似，适应型过程常通过多元个体（具备不同技能、责任和背景）的小团队来处理问题。通过反思探究，领导抛出问题，引导团队成员更好地理解。观点没有事实重要[13]，以积极和开放的方式解决问题是根本。在第六章中讲到创新这一主题时，我们会对该方法再次进行检验。

奇普（Chip）和丹·希思（Dan Heath）的著作中也反映了相似的方法。在他们的《决定性》（*Decisive*）一书中，他们主张就问题寻求外部意见，留出时间和空间反思，避免情绪化[14]。"我们未来的领导或员工会如何看待这一决定？""我们还有什么别的选择？"这些问题的提出也使过程更加谨慎。在博物馆领域我们可能会看到各种问题，比如品牌重塑、使用社交网络筹资，或者寻找一个更快速、更智能、更低成本的方式来展示不断变化的展览，所有这些活动都受内部交流的推动。

3. 领导力是一场对话

吉姆·柯林斯曾探讨在非营利实体内存在的分散的权力结构。领导力的有效性体现在能与所有的选民、所有层级的组织进行良好的沟通。领导服务属下的重要性可以在其他方面得到理解。公司模式通过内部交流不断进化，现在，"对话"这一功能也提供了一种新模式。它强调亲密度、交流、公开和倾听。大家期望领导能联系各级员工，在战略目标上参与谈话。该理念倡导开放的信息共享、信任，甚至360度全方位评估，这些可以通过面对面会议或电话会议实现。行业内的例子包括思科（Cisco）公司的常任CEO约翰·钱伯斯（John Chambers），他经常组织除高层领导外的员工论坛，每月还会发布视频博客分享给整个组织。"对话"旨在鼓励那些忠诚的员工畅谈工作，并像内部思想领袖一样与大家分享创新的想法[15]。

变革型领导常被吹捧为21世纪的救世主。这种人通常是敢于冒险的、坚决果断的、适应性强的、专注的、受价值驱动的和高情商的领导者。我们有例子吗?《哈佛商业评论》经常会关注一些在企业领域最受赞誉的领导。2015 年完成的一项调查赞扬了诺和诺德公司的 CEO,认为诺和诺德是瑞典一家以社会责任为使命的制药公司。我们可以看到社会责任这一价值已成为许多成功企业的根本期望。CEO 拉尔斯·索伦森(Lars Sorensen)称自己在建立领导团队时以共识为导向,而不是把自己看作位高权重、受人追捧的个体成功者,认为应当缩小高层管理者和员工间的薪酬差距,以建立职场信任和鼓舞士气,并强调持久交流和创新的重要性[16]。这些特征反映出服务型和第五层级领导的普遍倾向。但 2017 年公布的报告显示,一些取得高成就的 CEO 的行为更加复杂。我们花了 10 年时间完成了对 1 700 位高管管理绩效评估的数据分析[17]。高绩效的 CEO 呈现出以下四种行为特质:

- 决策快速而坚定;
- 通过严格的沟通了解利益相关者的需求;
- 始终具有前瞻性;
- 追求结果的可靠性。

这些特征更符合戈尔曼的专注力、海菲茨的适应性以及柯林斯的纪律性理论。不管我们怎样去切割,现代领导的轮廓都是多面的。在这些研究中甚至都没有谈及魅力。

二、成功的博物馆模式

不幸的是,还有很多博物馆依旧沿用过时的模式运营。罗伯特·简斯探讨过关于单一馆长制的缺点。馆长独掌运作权,成为唯一的决策者和组织的核心。等级制下的领导要背负更多的压力,他们或与外部世界脱离,或过于依赖"舒适圈"。今天,馆长的薪水太高,普通员工却还在为糊口而奋斗。这些高薪酬的CEO拥有"权力、权威和特权",却没有共享权威。在当今的博物馆,就像我们在公司模式中看到的那样,团队领导力模式应该更有效。扁平化的组织结构、基于团队的决策和共享权威都有较为成功的记录[18]。

除了权力问题外,当今博物馆的领导者还需要锻炼管理技能和领导才能。运营非营利机构和博物馆要求领导者具备各项能力,如财政敏锐度、资金募集能力、情商、勇气、热情、团队建设、远见、为利益相关方提供延伸服务和愿意放权。上述谈到的沟通的重要性不能忽视。保罗·雷德蒙德(Paul Redmond)在朗伍德花园(Longwood Garden)工作时强调了沟通的基本价值。他举了一个例子,在推行新的战略规划时,无论是在市政厅的大型会议上还是小范围的焦点小组对话中,员工都处于中心地位,经过长时间讨论,"词汇"和价值观问题得以解决。在规划推行中一旦出现焦虑情绪,员工会开展"停止/开始"讨论,以确定事情的优先级[19]。

在讨论博物馆领导力时强调的一个因素是接受使命,这时我们常会听到用"热情"一词来描述非营利组织领导者。1994年,舍瑞恩·苏希(Sherene Suchy)在她的代表作《用热情领导》(*Leading with Passion*)中研究了这一主题,她的研究涉及对45位艺术馆馆长和副馆长的访谈。藏品、社会影响、教育、探索发现、创业积极性和对建设不满等方面都与热情息息相关。这些特征正持续引发共鸣[20]。当我们思考这一特征时，热情与愿景，以及上述提到的与适应性和决策性之间的关系都会影响博物馆的领导者，以及他们争取新项目的积极性与主动性。以国立非洲历史文化博物馆（National Museum of African History and Culture）的朗尼·邦奇（Lonnie Bunch）和9·11纪念馆（9/11 Memorial Museum）的爱丽丝·格林沃尔德（Alice Greenwald）的工作为例，他们和同仁一同致力于创造有着深远影响力的博物馆，为社会公平作出了突出贡献。

与领导者的热情相辅相成是一种更加"用心"的方法，它更关注优先工作。有些员工受当今世界模糊性、复杂性以及不断改变的外部环境影响，会产生怀疑和否定情绪，这会给博物馆带来困扰，因此要助力员工解决这些不可避免的外部问题，并且把他们放在文化或战略中考量。这里我们不断地强调对优势（strengths）、劣势（weaknesses）、机遇（opportunities）和挑战（threats）（SWOT分析法）的检视和前景规划的运用。理想的状态是领导全面管理，员工理解大局和筹划战略，以适应变化中的世界。基于价值观的决策包括对多元、包容、社会正义、尊重和共情的关注，领导不仅要联系社区，也要聚焦社会责任、环境管理和经济实力这三重底线。作为公众角色，领导也要为组织和他们所肩负的社会影响力提供支持。当我们讨论核心价值问题时，我们讨论的是那些影响决策和个人行为的因素。多数组织都有一套价值观，有时是书面的，有时是未成文的，但它们都是基础性指南。

安妮·阿克森（Anne Ackerson）和琼·鲍尔温（Joan Baldwin）的研究记录了当今博物馆领导者的个人特质，他们身上都具备意向性、自我意识、灵活性和沟通技能,认同决策共享,联系社区,用多重方法完成使命并能集中倾听。他们研究的领导者注重培养联系,敢冒风险和寻求利益相关者的反馈,能放大或缩小各类问题,平衡实际,提出有远见的方案。比如,俄亥俄历史学会(Ohio Historical Society)的 CEO 伯特·罗根(Burt Logan)就独具慧眼地指出,一位成熟的领导懂得如何设计问题,而不是知道所有答案。另外,他认为团队中每个人都可以成为领导者。最后,他重申了领导变革、倾听、学习和接受价值观时保持灵活性的重要性[21]。

简斯、苏希、阿克森和鲍尔温都集中研究了现代领导范例。他们的思考反映了博物馆领导者在他们研究中的形象,也解决了非营利部门因功能混乱而产生的一系列问题,如在战略规划和继任计划上缺乏健全的领导。研究同样显示,中层管理者对于他们非营利的战略方向是不明确的,并且不出意外,也没有给予员工专业的发展机会,这会导致严重的人员流失。更重要的是,市场营销和沟通领域资金不足,恰恰这两个领域都需要确保公众对使命的支持[22],这一问题也同样反映在 2017 年 AAM/理事会资源的报告的第二章中。非营利部门无法取得成功的原因有许多种,领导力就是其中之一,此外还有诸多其他障碍。要理解这些挑战,就需要检查两块内容:一是人员流失这一现实;二是对性别和多样性的社会态度。人员流失这一问题涉及两大因素——老员工退休和就业压力,后者一直是众多研究的主题,其中包括 CompassPoint(一家非营利领导力发展实践机构)对非营利机构领导力的代表性研究《敢于领导》(*Daring to Lead*)。这份 2011 年的研究中调研了 3 000 余人,要点如下[23]:

- 65％的领导计划在 5 年内离职；
- 仅 17％的领导作了继任规划；
- 绩效评估未完成；
- 财务清偿能力较弱；
- 人力资源管理不尽如人意；
- 缺乏领导力培养；
- 理事会功能混乱。

这份研究中大部分非营利机构领导人都为女性，她们抱怨工资远低于男性同事，尽管如此，她们还是认为她们的工作更多是受使命激励，而非工资。在预算为 50 万—100 万美元间的小型组织中，高强度压力则更为常见。

1. 女性领导者：进退两难

上述发现也在博物馆领域有所体现。梅隆基金会（Mellon Foundation）2015 年和 2017 年的研究报告中都指出，在艺术类博物馆中，相类似的职位女性的收入少于男性[24]。然而戈尔曼 2016 年的研究发现，女性因情商较高而比男性更适合当领导[25]。有原因能够解释这一现象，其中发挥重要作用的就是社会标准。谢丽尔·桑德伯格（Sheryl Sandberg）在其标志性著作《依赖》（Lean In）中记录了许多女性领导在企业职场中未能被承认的故事，有些人认为女性没有足够的意志和勇气登上顶峰。她以"头饰效应"为例，讲述了那些认为努力工作就能被看到的女性，也谈到那些未能坐上会议席而习惯性地坐在房间最后排的女性[26]。

女性如何走到组织的顶层？这一问题一直引发我们的兴趣和思考。如果戈尔曼发现女性展现出较高的情商，那她们是否也更接近于 21 世纪我们所需要的变革型典范？两个例子或许能说明这其中的细微差别。2012 年弗吉尼亚大学出现了一个有意思的案例，校长和理事会主席（皆为女性）在领导风格这一根本性问题上发生了冲突，理事会主席海伦·德加拉（Helen Dragas）想要驱逐特丽莎·苏利文（Teresa Sullivan）校长，原因是她认为后者缺乏远见。苏利文是学校第一位女性校长，有着较长时间的高等教育领导经历，正在以协商和渐进的方式推动学校改革。拥有合作经验的理事会主席德加拉觉得苏利文的步伐太慢，且不够高瞻远瞩，故决定单方面开除苏利文。这首先得获得教职工们的支持，有些理事会成员并不赞同这一决定。这一事件后来在全国范围内发酵，因为教师们受到和学校价值观脱节的理事会主席的威胁。开除苏利文的决议最终被撤销，她继续管理学校，直到 2017 年宣布辞职[27]。这个案例是否说明了女性领导者间与生俱来的偏见呢？

另一个案例则讲述了女性领导大型非营利组织的价值所在。2014 年，肯尼迪表演艺术中心（Kennedy Center for Performing Arts）任命黛博拉·拉特（Deborah Rutter）为新馆长[28]，以取代一位富有远见、目标专注的领导——迈克尔·凯瑟（Michael Kaiser）。此前，凯瑟已经筹集了数百万美元，建立了新的主题项目，并在推出咨询计划的同时，为挽救全球艺术组织策划了一个大型扩张项目。拉特则有着多年的跨城市交响乐表演经验，她以一名高效率团队构建者的身份来到新岗位。拉特在古典乐上有很深的造诣，同时又获得了 MBA 学位，以重视合作、创新、社区参与而闻名。她在 2015 年的一次访谈中说道:"我参与,但并不是一个微观管理者,我也不会成为那样的人;我深入参与,但也会把工作交给那些有责任心的人。"拉特相信她的工作关乎动力和领导力。"我不是一个专权者或独裁者,但如果我对一件事情有很大的意愿,我会积极去推动它。"[29] 在这个岗位工作三年后,拉特在致力推广项目、建立新的战略规划和实施"商业实践"上也引发了一些争议。

组织变革并没有那么容易,实施新项目的速度过快也会掀起波浪[30]。CEO 的一项关键能力就是要和理事会主席建立强有力的联系,这也是 2016 年理事会资源(BoardSource)和 AAM 的调查中指出的成功领导力最具决定性的因素。但为什么高层也会有人员流失呢?原因有很多:理事会的苛求,筹资能力不善,过于庞大的项目和倦怠不堪,这些都在上面提到的《敢于领导》一书中有所涉及。

博物馆中女性领导者的案例数不胜数,其中有两个扭转失败局面的案例值得一说。黛拉·沃特金斯(Della Watkins)在 2013 年成为弗吉尼亚罗诺克城陶布曼博物馆(Taubman Museum in Roanoke, Virginia)的馆长,她曾是弗吉尼亚美术馆(Virginia Museum of Fine Arts)的教育人员。陶布曼博物馆于 2008 年以全新的建筑外形向公众开放,多年来博物馆一直力图吸引观众,筹集足够的资金来维持运营。他们的故事已被芝加哥大学和宾夕法尼亚大学的研究人员记录下来。当时博物馆已经到了不得不寻求理事会援助、裁减员工、缩小运营规模以摆脱困境的地步,沃特金斯带着丰富的公众项目经验和积极的态度介入其中。她面对的第一个挑战就是财政,为此她放缓了渐进式变革的步伐。几年后，她重建捐赠基金和筹划巡展的努力得到了回报，博物馆走出了困境并得到了 AAM 的认证[31]。

拯救一个博物馆需要做些什么？俄勒冈州南部历史学会（Southern Oregon Historical Society）给了我们这样的案例。在 2009 年学会濒临破产时，艾莉森·韦斯（Allison Weiss）接任执行馆长。因经济不景气，博物馆已经失去了当地政府的资金支持，被迫停止运营；但同时他们也在策划复兴，挽救的措施之一就是加强对社区的重视。韦斯在《历史新闻》（History News）中写了一篇文章，介绍了她为挽救组织采取的措施，包括展品出售或交换、财产出租、社区历史团体业务的拓展，以及争取建立一个儿童博物馆、一个新的理事会和获取志愿者支持[32]。

回顾韦斯和沃特金斯的经验，我们看到灵活的领导能快速分析现状，透过现状研究未来。他们会提出尖锐的问题，这些问题能帮助克服阻碍组织发展的负面思考。领导们要思考：哪些情况需要改进？他们能对现状产生什么样的影响？如何遏制那些消极因素？我们现在可以做什么来推动前进？

2. 展望未来

在反思 21 世纪领导力理论和趋势时，我们可以看到单一的馆长领导机制已迅速成为过去式，成功的组织都具备合作化特质，团队中的每一员都是解决问题的一部分。例如，商业文献已开始研究如何应对衰退，这些研究表明，很多东山再起的公司大多采取削减成本、提升效率、加大市场和研究投入等措施，同时在重新开展业务时注重顾客需求。他们会开展培训，利用培训习得的方法收集数据，作出明智的决策。这些践行开放管理的领导者更容易取得成功。比较突出的一个例子就是印第安纳州康纳·派瑞博物馆（Conner Prairie Museum in Indiana）的前任 CEO 艾伦·罗森塔尔（Ellen Rosenthal）。她曾在 2012 年明尼阿波利斯市举行的 AAM 年会时提到，她的员工参与过一个较为复杂的财政素养项目，该项目培养他们在阅读、制定预算、撰写财政报告和规划可行性、决策制定方面的能力，削减项目或评估新想法的可行性具有开创性，员工将有充分的机会去进行创造。这也正是高层管理者在做的事情[33]。决策系统需充分考虑使命、资源、风险、成本和法律道德问题，任何高风险决策的制定都需要多人共同参与，以确保受此影响的员工提供意见。决策一经制定，实施过程，包括员工在其中扮演的角色和承担的使命需要清晰明确。以圣地亚哥人类博物馆（San Diego Museum of Man）为例，米卡·帕曾（Micah Parzen）利用矩阵测试新想法。这是有关决策制定的一个较为典型的案例，通过一张检查表让馆内员工从 12 个方面给新想法打分，分值在 1—5 分之间，后来其被运用到战略项目的讨论文件上。未来，数据流畅和快速成型都将会是博物馆领导者需要具备的能力[34]。

展望未来，我们知道博物馆的领导者需要以更灵活、更开放的姿态应对改革。他们需要和搭档分享观点，从不同的方面寻找最佳实践；需要成为财政规划、资金招募的专家，具备承担风险的能力，敏锐地建立社区合作伙伴关系，适应复杂的情况，并深入员工内部。管理者要为员工创造学习机会，评估博物馆的内在文化。这可以借鉴罗伯特·格林丽夫（Robert Greenleaf）采用的服务型领导力的原则，每一位管理者都在培养员工，从而服务大众。

三、领导力转型和过渡时期的领导

第三章中我们已经提到美国大都会艺术博物馆经历过领导力转型的阵痛。由于新上任的馆长带来的麻烦不断，且在赤字支出的影响下，博物馆需要向新的结构转型，理事会决定对高层领导进行整改，在博物馆馆长上新增 CEO 一职。但转型后，随之而来的问题是，这些馆长具有深厚的博物馆文化和项目经验，但缺少一定的商业技能[35]。

高层变革是组织面临的最重要挑战之一。当馆长退休后，若有值得信任的员工可以接任，转型就会十分顺利。有些时候，转型会产生巨大的变数——领导突然辞职或被解雇，此时博物馆就需要合并。还有些时候，您的馆长被另外一份更好的工作吸引而离开，这在我们行业内也十分常见。那么，当我们在没有明确继任者的情况下，如何确保转型的成功呢？

我在 20 世纪 90 年代担任过渡期领导时就已关注到这一问题。当时我已担任了一年的美国国家历史博物馆（National Museum of American History）的馆长和副馆长代理职务。过渡期存在很多模糊性和复杂性，也有很多因不确定谁最终会接任而带来的限制性。您有多少真正的权力去推行变革？您能改变多少？如果实行的人是您以前的同事，变革就会产生困难。我和执行馆长已经共事了很多年，并且在我们的职业生涯中也为其他员工工作过。

我们发现，领导的离开会在员工中产生如下反应：

- 有人会觉得被背叛或抛弃；

- 有人感到内疚，因为他们对领导的离开不由觉得开心；
- 会有很多关于职位的流言和争夺。

随之产生的混乱需要领导者快速推行过渡计划，加以遏制。

通常，过渡期的领导会是理事会成员或德高望重的资深员工，另外一种选择则是雇用一名顾问来担任过渡期领导。领导的选举过程应符合理事会政策和流程，但情况并非通常如此，关键要确定过渡期领导需要做什么。他们会在找到常任馆长前承担"保管员"的角色吗？他们需要在混乱中担任转型专家吗？一个基本的问题是，他们有多少权力发起变革？在许多情况下，在找到合适的人选前，会有6—9个月的过渡期，出于这一限制，不太可能发生大的变动。他可以选择当"保管员"或是聚焦更明确的领域，比如平衡预算。任期将满的领导不会有太多影响力，理事会还可能对其行为加以限制。在权力受限制的情况下，处于弱势的领导会觉得每一项变革都是挑战。同时，过渡期的领导也不太愿意作出造成长期影响的决策，从更前瞻的角度看，他可以制订过渡计划来预测将来的领导。在美国历史博物馆，代理馆长斯宾塞·克鲁（Spencer Crew）和我曾共同为博物馆员工制定战略规划，其中包括鼓励所有员工参与规划、引进馆外专家、加大对战略评估的投入等。

对代理馆长角色的研究让我们有了许多发现。2000年，在一项对210座博物馆进行的全国性研究中公布了存在的一些问题：因缺乏常任馆长，筹资成功率下降，一些员工在过渡期离开了博物馆，导致高层的决策焦虑更为明显[36]。

罗伯特·戈勒（Robert Goler）在20世纪90年代的调查发

现，当时聘用外部顾问担任过渡期的领导很常见，这一优势在于他们都是以全新的眼光看待博物馆，他们有能力推进变革，维持组织运转或纠正错误。与此同时，当一名现任员工暂时晋升为"代理"馆长时会产生正、反两方面的影响。与前同事的关系会是一项挑战，特别是当有些员工没有被选中成为临时领导者，他们或许会离职。积极的一面是这些个人的确获得了能让他们在日后的职业生涯中受益的技能和视野，并且他们中有些人会在常任馆长到来后被提拔到新的岗位[37]。

1. 继任规划

博物馆理事会在制定继任规划上的成果难如人意，这在第二章提及的 2017 年理事会报告中就有报道。事实上，转型的过程有可能是一团糟：猎头搜寻高级人才的过程耗时耗钱，员工常会感到焦虑并肯定会在过程中散布谣言。或许翻看近期有关企业继任的文献可以找到一些可考虑的做法[38]。第一，为现有员工创造一些跨职能体验的机会，如负责一个新项目，这也会让理事会有机会发掘骨干。第二，有洞察力的理事会能知悉组织内员工的发展深度，谨慎观察高层管理队伍，掌握他们的优势和劣势。第三，确保能建立适用于 CEO 和资深员工的绩效指标，并定期进行评估。第四，保留一份潜在的外部候选人名单，这需要对其他组织的优势领导进行非正式评估，以便在领导空缺时予以考虑。在搜寻 CEO 人选时，不断考察其软实力非常重要。许多理事会会任命一些关键成员来负责人选的搜寻，他们需要在开始正式搜寻前知道组织面临的关键挑战。在整个过程中，理事会对候选人秉持开明的心态，意识到人无完人。在作出选择之后，完善的入职过程会让过渡更加顺利。了解组织内所有员工的能力和想法必不可少，这不仅仅包括目标和财政，还有对新员工人性化的考量。第一步必须要掷地有声，CEO们必须尽早作出重要决策。此外，还要走出办公室看看每位员工，看看设备设施，见见每一位保安、讲解员，花时间了解观众，向他们请教问题并尊重他们。新老馆长间职责的重叠也要考虑在内，开明的领导会把许多东西分享给现任，因为太多的工作重叠会让理事会和员工感到困惑。有关招聘目标的例子可以参考赫希洪博物馆（Hirshhorn Museum），它聘用招颖思（Melissa Chiu）来吸引新的和更年轻的观众，重建理事会，并引进更鼓舞人心的国际化人才[39]。

2. 馆长的生命周期

是否有好的方法逐步建立首席执行官的职业生涯呢？您如何确保成功？小查理斯·F. 布莱恩（Charles F. Bryan Jr.）在2017年出版的《博物馆新闻》(*Museum News*)一书中记录了他的故事。作为弗吉尼亚历史学会近20年的CEO和主席，他经历了领导成长的三个阶段。他把第一阶段看作学习过程并作出缓慢的改变；第二阶段是在实施战略规划中与理事会以及员工建立和维持强有力的联系；在第三阶段（10年后），CEO需要考虑可持续的成功、工作/生活的平衡，以及逐步退出[40]。这是一个非常成功的个人案例，但我们知道每个人都有不同的故事，影响成功的因素还有很多。考虑到博物馆馆长的成长与任期，我们将会在第八章的案例分析中详细研究，其中包括弗吉尼亚历史学会的现任馆长。鉴于他/她所在的组织生命周期以及个人能力和经历，每个人都有自己的故事可以分享。

问题讨论

1. 在博物馆经历兼并或其他重大变革时，什么类型的领导是最有效的？
2. 您将如何为您的博物馆制定继任规划？
3. 在博物馆和非营利机构中，女性领导如何发挥作用？您认为在领导力多元化且不平衡的情况下，博物馆行业应采取什么样的政策？

注释

1. Peter Drucker, *Managing the Nonprofit Organization* (New York: HarperCollins, 1990):20-27.
2. Ibid.:185.
3. Robert E. Kelly, "In Praise of Followership," *Harvard Business Review* 66, no.6 (1988):142-148.
4. 该差异在沃伦·本尼斯(Warren Bennis)的著作中有详细提及, *On Becoming a Leader* (New York: Addison Wesley, 1989).
5. Jim Collins, "Level 5 Leadership," *Harvard Business Review* 79, no.1 (2001):19-28.
6. Daniel Golemond, "What Makes a Leader?" *Harvard Business Review* 76, no.6 (1998):93-102.
7. Peter Senge, *The Fifth Discipline* (New York: Doubleday,

1990).

8. Michael Maccoby, "Narcissistic Leaders: The Inevitable Pros, the Inevitable Cons," *Harvard Business Review* (January-February 2000):69–77.

9. Margarita Mayo, "If Humble People Make the Best Leaders, Why Do We Fall for Charismatic Narcissists," *Harvard Business Review* (April 2017), https://hbr.org/2017/04/if-humble-people-make-the-best-leaders-why-do-we-fall-for-charismatic-narcissists.

10. Jodi Kantor and David Strettfeld, "Inside Amazon: Wrestling Big Ideas in a bruising Workplace," *New York times*, August 15, 2015, https://www.nytimes.com/2015/08/16/technology/inside-amazon-wrestling-big-ideas-in-a-bruising-workplace.html?_r=0.

11. Jena McGregor, "Expose at Uber Offers a Lesson of the Times," *Washington Post*, February, 26, 2017, G1,4.

12. Daniel Goleman, "Leadership That Gets Results," *Harvard Business Review* 78, no.2 (2000): 78–90.

13. Ronald Heifetz, Alexander Grahow, and Marty Linsky, "Leadership in a (Permanent) Crisis," *Harvard Business Review* 87, no. 7(2009):62–69.

14. Chip Heath and Dan Heath, *Decisive: How to Make Better Choices in Life and Work* (New York: Crown Business, 2013).

15. Boris Groysberg and Michael Slind, "Leadership Is a

Conversation," *Harvard Business Review* 90, no.6 (June 2012):86-92.

16. Adi Ignatius, "Leadership with a Conscience," *Harvard Business Review* 93, no.11 (2015):50-63.

17. Elena L. Botelho, Kim R. Powell, Stephen Kincaid, and Dina Wang, "What Sets Successful CEOs Apart," *Harvard Business Review* 95, no. 3(2017):70-77.

18. Robert Janes, *Museums in a Troubled World* (New York: Routledge, 2009):62-65.

19. Paul Redman, "A Great Garden of the World: Our Planning Story," in *The Manual of Strategic Planning for Cultural Organizations*, ed. Gail Dexter Lord and Kate Markert (Lanham, MD: Rowman & Littlefield, 2017):139-144.

20. Sherene Suchy, "Emotional Intelligence, Passion and Museum Leadership," *Museum Management and Curatorship* 18, no. 1(1999):57-71.

21. Anne Ackerson and Joan Baldwin, *Leadership Matters* (Lanham, MD: AltaMira Press, 2014):109-111.

22. Rebecca Koenig, "Many Nonprofits Lack Necessities of Sound Leadership," *Chronicle of Philanthropy*, March 15, 2016, https://www.philanthropy.com/article/Many-Nonprofits-Lack/235705.

23. Maria Cornelius, Rick Moyers, and Jeanne Bell, "Daring to Lead," Report by Compasspoint Nonprofit Services and the Meyer Foundation, July 2011, http://daringtolead.org.

24. Roger Shonfeld and Mariet Westermann, "Art Museum Staff Demographic Survey," Mellon Foundation, July 29, 2015, https://mellon.org/media/filer_public/ba/99/ba99e53a-48d5-4038-80e1-66f9ba1c020e/awmf_museum_diversity_report_aamd_7-28-15.pdf and http://www.resnicow.com/client-news/latest-study-gender-disparity-art-museum-directorships-shows-gains-and-reversals-march.
25. Daniel Goleman, March 8, 2016, http://www.danielgoleman.info/women-leaders-get-results-the-data/.
26. Sheryl Sandberg, *Lean In: Women, Work and the Will to Lead* (New York: Alfred A. Knopf, 2013).
27. Jack Stripling, Katherine Mangan, and Brock Read, "After a Tumultuous 7 Years, Teresa Sullivan Will Leave UVa," *Chronicle of Higher Education*, January 23, 2017, http://www.chronicle.com/article/After-a-Tumultuous-7-Years/238977.
28. Anne Midgette, "New President Deborah Rutter Is Kennedy Center's Breath of Fresh Air from Windy City," *Washington Post*, August 28, 2014, http://www.washingtonpost.com/entertainment/new-president-deborah-rutter-is-kennedy-centers-breath-of-fresh-air-from-windy-city/2014/08/28/8381a600-2c4c-11e4-9b98-848790384093_story.html?utm_term=.35e301e756c4.
29. Fred Plotkin, "How Deborah Rutter Manages," radio interview, May 21, 2016, http://www.wqxr.org/story/how-deborah-

rutter-manages-conversation-kennedy-center-president/.

30. P. McGlone,"Kennedy Cener President Lures High Priced Stars Yet Sparks an Exodus Among Senior Staff,"*Washington Post*,July 18,2017, https://www.washingtonpost.com/entertainment/theater_dance/kennedy-center-president-lures-high-priced-stars-yet-sparks-an-exodus-among-senior-staff/2017/07/18/e9486c0e-5d9e-11e7-9b7d-.14576dc0f39d_story.html?utm_campaign=buffer&utm_content=bufferb7126&utm_medium=social&utm_source=twitter.com&utm_term=.4f0bc6a9f91f.

31. Peter Frumkin and Ana Kolendo, *Building for the Arts* (Chicageo:University of Chicago Press,2014):43-63.

32. Allison Weiss,"Relevance,Relationships,and Resources:The Three R's of Museum Management,"*History News* (Summer 2012):7-16.

33. 作者与艾伦·罗森塔尔(Ellen Rosenthal)一同参与了2012年5月1日在明尼阿波利斯市召开的主旨为"Show Me the Money"的AAM年度报告会。

34. San Diego Museum of Man Strategic Plan, https://www.museumofman.org/sites/default/files/sdmom_stratplan.pdf.

35. Robin Pogrebin,"Met Museum Changes Its Leadership Structure," *New York Times*,June 13,2017, https://mobile.nytimes.com/2017/06/13/arts/design/met-museum-changes-leadership-structure.html?smid=fb-share&referer=http://m.facebook.com.

36. Richard W. Ferrin, *The Time Between* (Knoxville, TN: Wakefield Connection, 2002).
37. Robert I. Goler, "Interim Directorship in Museums," in *Museum Management and Curatorship* 19, no. 4 (2004): 385–402.
38. Eben Harrell, "Succession Planning: What the Research Says," *Harvard Business Review* 94, no.12(2016):71–74.
39. Peggy McGlone, "The Turnaround Artist," *Washington Post Magazine* (April 30, 2017):32–36.
40. Charles F. Bryan Jr., "Stages in the Life of a Museum Director," *Museum News* (January-February 2007):54–59.

第五章　各层级的领导力

对我们大多数人来说，在组织中不同岗位上工作非常普遍，除非我们在一个完全封闭的环境中工作，否则我们不可避免地要和上下级同事共事。组织内的中层管理者对成功起着至关重要的作用，他们要协调工作、制定标准、管理员工、制订和核对预算，以及推广最佳实践方法。在此过程中，沟通是一项关键技能。中层领导的工作常会被视为例行公事，但事实上他们是事件强有力的推进者，如果没有他们对政策的支持和关注，重要工作就很难开展。他们既可以是促进者和推动者，也可以是阻挠者。由于博物馆大部分员工都可能会升至这一位置，因此我们有必要检验它在领导力体系中的重要性。本章将定义中层管理者的角色，研究他们如何影响改革过程，以及他们如何展示博物馆的领导力。尽管我们关注的是中层领导，但显然一些小型博物馆并没有太多的员工，因此这里的中层更多是指馆长或 CEO 层级以下的个人。

一、中层管理者的定义

图 5.1 解释了典型的层次结构，强调了中层管理者所处的位

置。谁是中层管理者？在大多数组织中，他们是部门领导、常务委员、项目负责人乃至副馆长，也可能是资深的团队成员或者较低级别的成员。他们在组织中发挥着重要价值，原因在于：

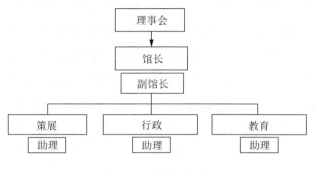

图 5.1　组织层次图

- 他们创造好的想法；
- 他们掌握资源并能推动变革；
- 他们可以被看作是积极的批判者；
- 他们有非正式的权力；
- 他们理解员工的士气；
- 他们可以被看作正向的榜样。

组织中的领导者多会来自这一层级，因为他们熟悉业务并能在工作中获得专业知识，常被视作冉冉升起的新星。当然除了这些积极因素，这一角色也面临挫折和挑战。在知识密集型产业（包括博物馆），中层管理者通常也是领导创意团队或其他专家的项目管理者。事实上，在很多行业中，完成工作的细节都是留给中层管理者。对计算机游戏设计等创意产业的研究表明，创新者

第五章　各层级的领导力

的绩效表现与中层管理者相当,可谓责任重大[1]!

尽管有上述研究发现,但公司的中层岗位还是会让人觉得吃力不讨好。在许多经历整顿、重组、合并或收购的组织中,中层管理者常常是那个牺牲者。公司裁减职位以节省经费,随后再重组巩固职能,或许会压减中层职位的存在感,或增加一套新的责任体系。多年来,中层管理者已经被看作捍卫自己那一亩三分地的官僚主义者。在与高层交流时,他们觉得自己好的想法常被忽视。但在当下不断变化的现代社会,中层管理者值得获得新的尊重。在激烈变革的时代,中层管理者可以发挥以下作用:

- 企业家:创建关于如何变革的新想法;
- 沟通者:解释变革的细节;
- 治疗师:改善员工的恐惧心理;
- 走钢丝的艺术家:平衡变革和连续性。

寻找可以胜任这项关键工作的最佳人选需要组织招聘、培养并作好准备。那些被挑选出来的人是无惧变革的。谁自愿提供支持?谁是员工中的"积极批判者"?谁拥有"非正式权力"并能在同行中赢得尊敬、发挥影响?这些人的自我认知如何?他们认同使命吗[2]?

因此,最高领导层需要培养这些人才。中层管理人员需要成为员工的坚定拥护者、卓越的沟通者,确保对组织目标的清晰理解和一致认同。他们必须花时间取得高层管理人员的信任,并与整个组织的同事建立协作。由于中层管理者熟悉项目的执行,他们也可能会提出问题。经典型的吹哨人是那些对道德行为寄予厚望的人，并深信其组织的经营价值。不幸的是，吹哨会导致负面后果，有时会以报复的形式出现，这也是作为中层管理者的缺点。重要的是，中层管理者得成为全能专家，他们需要吸引、雇佣和指导下属或项目团队成员；需要根据专业政策和期望制定工作标准；需要管理并实现员工、同事、领导者的梦想和愿望。同时，他们需要负责任地获取和利用资源，并确保按时实现目标。

二、从中层领导改革

提高中层管理者的重要性可以促进变革。在组织的各个层面，都有提拔中层到高层管理者来推行变革的例子，但组织内的所有层级都会涌现重要变革。黛布拉·梅耶森（Debra Meyerson）在其代表作《温和激进领导》（*Tempered Radicals*）中列举了几个中层改革的案例。在这些案例中，领导需要在仔细观察亟待解决的问题后，逐步发起变革。通常，层级较低的个体会比高层领导更早地发现问题。这些"日常领导者"出于自我保护，不太愿意改变现状，因此尽管有问题存在，他们还是宁愿忍受现状，关注一些小成果。比如，中层领导在自己部门进行改革，提高员工士气。又比如，允许员工开展其他工作计划。有时这些变化虽然适度，但并不符合企业的运营文化，这可能会引起同行的批评。在系统内工作是这些人赖以生存的基础。内部变革的推动者可能是组织中向管理层发出呼吁的个人，如呼吁采用新技术或制定新政策。道德通常是一个重要的考量因素。比如，美国历史博物馆的策展员工反对外部捐助者干预展览开发，这些不同的声音让高层不得不最终去解决捐赠政策上的问题。这种集体性行为和个人尝试不同，团队参与者数量多，要花费更多时间来开展。另外一个例子是新兴的博物馆专业人士组成的团队，或那些代表和考虑博物馆员工权利并帮助他们解决薪资、多元和包容性问题的团体。作为一个非制裁机构，他们需要意识到，相比组织正式任命的团队，他们对变革的影响力需要更长的时间才能体现，这也许令人沮丧和泄气。因此，"日常领导者"需要依靠一种尊重文化，建立同事间的共情网络[3]。

1. 团队协作

观察博物馆行业的其他案例，我们要考虑跨职能团队如何影响变革过程。作为温和的激进主义者，这些团队的努力同样可以创建解决基本问题的方案。其中一个例子就是博物馆中未经批准的团队，他们自己寻找空间分配的方案来解决不断增长的藏品、更新改造和不断变化的展览等问题。这一团队由藏品管理者、登记员、设施设备管理者和策展人组成，他们共同创建了一个空间矩阵，设计了服务项目和展览的需求。在团队成员的勤劳工作下，高级管理者马上意识到了改进的价值所在，并批准了接下来10年的更新改造工作。中层中悄然变革的案例还包括专业人士在支持建立博物馆标准和最佳实践方面的大量工作，比如AAM教育工作者委员会。

团队协作的重要性对中层变革非常关键，上文提到的为解决某一问题成立专项小组就可以充分说明。团队也同样可以作为常务委员会，协同制定项目或政策的相关决议，比如评价新展览的委员会。团队中的成员把彼此看做"顾客"，相互间的尊重和理解也就更进一层，而相互问责则会促进更开放的沟通，进而有利于问题的解决。

其他我们需要研究的是团队的组成。显然,团队成员应该代表了团队所需的技能和感兴趣的利益攸关者。技能确保工作成功,利益攸关者确保整个过程得到那些可能持反对意见者的同意。想要做到这一点,一个方法就在于把你的"敌人"收入团队内。"敌人"一词或许太重了,但那些竞争对手或那些根本不同意的个人或许更需要合作。与这类同事保持团结协作的关系可能会让人望而却步,但却非常必要,因为共同努力去解决问题有益于员工的发展和使命的实现。想想森奇的"心理模式",我们或许会在这些团队中看到对某类个体或者某种工作类型存在的偏见。博物馆的经典角色是保护者,它需要经常去批判那些可能会危害藏品的展览设计或活动。那些持相反意见的员工很可能有着一定的影响力和价值。中层管理者能清楚看到博物馆运行的现实,如果他们尊重使命,他们所做的一些工作便不会被高层拒绝。博物馆应当关注真相,而不是鼓励那些让高层领导听到他们想听的回答而一直"说是的人",可以发掘这些"说不的人",让他们领导任务或创新工作方法的小组[4]。团队内若出现不同观点就需要有人能平衡多元性,并认识到那些和你不一样的人身上的优点。项目负责人可能倾向邀请那些他们信任的或欣赏的员工加入团队,因为他们认为彼此志同道合,或者至少他们的忠诚度是不容置疑的。然而,倡导多样性和包容性的组织会明智地放弃这一做法。

2. 沟通方式

在领导各层级的变革中,沟通方式是一项重要因素,特别是当个人还不在当权位置上时。亚当·格兰特（Adam Grant）在《给予和回报》（*Give and Take*）一书中描述了名为"无权力"（powerless）的沟通方式及其价值所在。这是一种适度和自谦的风格，它通过讲述弱点或表露出缺点显示你并非一个完美的人，从而依靠向他人寻求意见和建议，提出问题而非作出权威论断。这种方式把权力转移给了听众。研究表明，当还未树立起权威时，寻求建议会发挥出最佳效果，中层管理者往往就适用于这种情况[5]。

其他纵向（或横向）的沟通还包括分析上级的学习风格，以有效传递你的信息。由于每个人的风格不同，这也是一项挑战。长时间的观察可以让较低层级的员工领悟这些风格。比如，有魅力的领导会倾向振奋人心的和结果导向的想法，他们不想看到太多细节；多疑的或掌控欲强的领导无疑会想了解外部意见和许多细节数据；其他一些领导大多谨慎，并只有在遵循那些已被他人成功推行的观点时才会感到安心。显然，还有其他类型的学习风格和个性特征，需要中层管理者在与领导的交流中多加留意[6]。

还需要哪些技巧来激发中层领导呢？有时最好能对新想法大胆思考。志愿参加大型项目可以体现出你对推进组织进程感兴趣。在任何情况下，给上级、同事和下属适当的信任和切合实际的期望。最重要的是，由于许多领导都非常繁忙，很容易就让你以为他们知道你在做什么，其实他们并不知道组织内的所有细节，但你可以将相关信息传递给他们。当在征求新观点的批准时，坚持自己的想法但不能太强势，有些时候你需要一个恰当的时机来分享你的观点。更要强调一点，不要让你的上级太过惊讶。中层管理者应当努力在同事、下属和上级之间构建信任。确保让他人相信你是值得信任的，是可以在组织内各层级的工作中作出贡献的，从而推动组织走向更大的成功。

受多重领导可能会是一个噩梦，但却非常普遍。考虑到CEO是为理事会和信托人工作的这一事实，在这种情况下，许多人都可能是领导，所以尽管大多数员工有一个领导，但是还有许多层级的高层领导和理事会需要考虑。如何管理？或许经常面对面沟通是一个方法。让每一个员工都知晓情况非常关键，让他们都知道你在推荐什么。尽可能与对方当面沟通，因为这样可以避免误解，体现尊重。不要害怕在邮件交流中抄送给所有人。当你在阐述你的想法时通常需要一个执行团队加入进来。追求变革的举措需要通知所有这些参与者，而不仅仅是你的领导。你可能面对多重领导的其他情况通常是在项目管理常见的矩形结构中。员工需要面对来自职能领导和项目负责人的双重监管。在这一情况下，员工常会面临时间管理和工作优先级的矛盾，也常会不堪重负。如果两方领导不能在预期目标上达成一致或取得同意，员工就可能要作好失败的准备。意识到这些问题很关键。最重要的是在绩效评估和长期任务中，谁是那个最终作决定的人，它直接关系到员工个人确定工作的优先级，要让所有监管者知晓工作量，以及制定边界，避免超负荷工作。显然，从中层作出这些改变需要你清楚地了解博物馆，吸引员工加入你的团队，贡献你的技能，强调合作，寻找创新，值得依靠并不可取代。这其中还存在不确定因素，有时候变革的步伐也会比较慢。

三、博物馆领导的策略

1. 第二位或副职

在这一章节中我们已经看到,通过与高层管理者互动,可以让你的想法被领导听到,从而进一步帮你取得成功。担任副馆长是一个独特的领导机会,这一职责通常被看作首席运营官,但通常个人也会担任博物馆项目的负责人,甚至在需要时成为代理人或临时馆长。由于这些个体需要经常密切合作,故副职应当是那些有着互补技能和风格的人。一般来说,有魅力的和有远见的领导会选择一个强有力的管理者作为副手。

在许多情况下,副馆长没有权力,有时候需要依靠个人影响力和对博物馆优先事项的具体认知来进行操作。副职有时候是一个尴尬的角色,因为其他高层员工可能会越过他们直接与CEO合作。当然,有些特定的属性也会给他们带来成功。尽可能地降低自我意识就是其中之一。另外,重要的一点是,要适应并意识到并非所有的功劳都属于自己。副职更多地是要做好幕后工作,比如在日常工作中建立沟通网络,倾听员工声音,他的角色之一就是让领导知道他们什么时候犯了错误,或者以前瞻性的站位,建议领导作出最佳决策。博物馆顾问约翰·迪雷尔(John Durel)和威尔·菲利普斯(Will Phillips)为副职写过一本独具视角的指导手册,指出这一角色并非"一刀切"。他们采访了很多副职,发现这些人身上有许多关键角色,比如"守门员""心腹""军师"和"核心伙伴",他们承担着管理战略规划职能,与其他高层员工密切联系以推进规划实施。这些人中也有许多人提到会经常为其他员工提供咨询服务，这就需要在问题出现时有准确的判断力并能给予引导。对于当权者而言，副职们常在模糊和不确定的环境中发挥作用，有趣的是，被采访者中有50%的人并不确定是否想要升至CEO职位。当我们进一步研究博物馆中的中层管理者，我们会发现这个结果一点也不令人惊讶[7]。

2. 在中层工作

博物馆有两种类型的中层管理者：项目经理和职能领导。两者间的区别在于他们在人力和资金等资源上是否拥有正式权力。在撰写博物馆中层管理的文章时，玛利亚·奎宁·雷比（Maria Quinlan Leiby）结合自身经历，在《历史新闻》中结合对他人的采访提出，中层管理的价值在于你与自身热爱的工作保持密切联系。尽管监管、预算、报道和谈判上存在不利因素，但还是有一些基本职能吸引我们进入这个行业，比如藏品保护、研究、教育以及其他公众活动。通常中层个体并不是真的对高层领导感兴趣，他们比较高兴的是凡是艰难的决策都由上层领导作出，但即使在这一层面，他们也需要磨练自己的沟通技巧和其他管理所需的技巧[8]。从员工到部门领导的一个案例就是拉斐尔·罗莎（Rafael Rosa），他接管了芝加哥科学院的教育副主席一职，需要管理20名员工。罗莎在接任这个职位前已经做了16年的教育工作，尽管在教育领域有着丰富的经验，但他仍然觉得还没有作好充足的准备应对成为部门领导的挑战。在一项评估中，他坦率地指出虽然自己拥有资深的项目管理知识，但缺乏管理经验，还存在未经历过的领域，比如运行公共项目和与青年观众合作。但他也很快认识到在相关领域,他的员工比他懂得多,因此需要信任他的属下。其他挑战则包括预算、和员工一起支持博物馆项目,以及感到孤独——他不再是同伴,而是成了他们的领导。他的方法是从博物馆外部同行那里征求意见,在预算上和 CFO 密切联系,以及在部门决策上主动采纳员工意见[9]。

3. 项目经理或团队领导者的角色

项目经理的角色现在被看作是最重要的中层管理职位之一。关于这一职位的独特性已有很多著作描述,那就是一半经理和一半领导者。他在团队内不仅仅是一个监管者或协调员的角色,而是要在时间、预算和全员参与的氛围中合理配置资源,产出预期产品。并不是所有博物馆都有专门的项目经理,通常会任命知识渊博的职能部门员工来担任这一角色,这个人在同事和其他人之间将承担协调工作。所以,不管头衔是什么,需要的技能通常是相同的。在许多像扩建或更新改造项目中,不太会从外面雇佣一位专家来执行这个项目。这种做法的缺点在于他们可能不太了解博物馆业务,甚至缺乏对博物馆使命和价值的认同。选择大型、复杂项目的经理需要深思熟虑,比如,博物馆可能会任命一位资深员工来检查重大安置工程的发展与实施,或者他们会选择一位经验丰富的顾问加入博物馆,通过项目为博物馆提供帮助。在任何一种情况下,对员工理解博物馆文化和目标的信任程度都至关重要[10]。

项目经理负责倡导项目、管理团队流程和应对许多不同工作风格及抱有期望的利益攸关者[11]。维持团队动力是一项持久的挑战,也是管理项目需要的一项策略。项目经理最重要的职能之一就是组建团队,这就需要和团队成员及职能经理保持良好的工作关系,比如项目经理与职能部门领导需要为员工协调时间。这一角色并没有什么实质性权力,所以沟通的技能和影响力尤为重要。

项目经理有两个主要责任:行政管理和领导。很显然,行政管理包括确保员工履行职责和签署合同,组建团队,安排日程,制定预算,阶段性审查,管理会议,报告进度,以及确保投资项目的个体间信息的畅通。项目经理必须知晓业务,了解任务与成本,明确经营政策和流程。他们也可能需要雇佣新员工和协商合同。监管流程则包括频繁的阶段性审查和向高层管理者及博物馆理事会进行正式的情况汇报。他们管理着所有的档案,是公司项目的记忆库。他们的领导职能更加复杂,包括构建一个高绩效团队,提供培训和积极的反馈,鼓舞团队士气,倾听利益攸关者的意见,在组织各层级内实行开放沟通,解决争端和问题。显然,这些职能并不简单,并不是每个人都可以满足预期。

这一角色富于挑战性:需求不明会导致成本超支和返工,糟糕的计划和控制、没有能力影响团队或高层管理会使项目脱轨。通常,项目经理会同时管理两到三个主要项目或者在实行项目的同时开展本职工作,因此,有洞察力的项目经理需要在工作中恪守纪律,提前预测问题,以及透过表层看到团队成员的隐形议程。灵活应变和风险规避或许是两个相反的特征。事情出现错误时,项目经理(如果不是在正式授权的情况下)需要知道如何从个人推辞中继续运作。一对一的会议和对团队非正式检查可以是一种建立信心的方式。但事实是,团队是一个临时实体,项目经理的权力有限,通常项目成员中还会有一位资深的管理者(比如负责藏品的副主任),他会在项目经理需要时给予大力支持。然而,项目经理的权力也应当从他们的能力中释放出来,比如通过建立信任,帮助解决时间管理或技术问题,以及提供正向反馈和赞誉来影响团队。随着对博物馆价值和产品标准的理解的增强,对个体保持高度关注和敏感也非常关键。

很多时候,员工在被委任这一职位的时候是没有经过任何正式培训的。他们在岗位上学习,慢慢熟练。充当员工和管理者间的沟通渠道也是一项特殊技能,需要对组织及其优点、弱点有非常多的了解,对一些职能也有着独特的看法。他们从中获得的一些经验也会在组织内潜移默化地传递给他人[12]。在与博物馆项目经理的对话中,作者了解到,他们任务中的一些挑战就是需要始终如一地关注细节,包括合同协商、预算和时间调整、团队会议、向高层宣传资源、解决团队内争议等。通常他们需要和职能部门经理一对一地解决问题。将部门职能工作的焦点转化为跨职能团队的最终目标可能是困难的,因此被选中的这些人通常是效率高的员工,有机会在岗位中领导和学习。一个例子就是小型博物馆中的技术员工开发了一个新的网站,该项工作的团队领导包括组织一系列工作坊来讨论网站设计,也需要包括来自馆长在内多个职能部门的投入。网站设计包括新的写作方式和以用户为中心的新方案。这些方法对传统的策展人来说比较陌生,因此也比传统的展览需要更多的技能,比如外交和团队学习。项目经理需要对团队的隐性日程、恐惧和目标保持警惕。

中层管理队伍中一个有趣的例子是 2004 年负责美国印第安人国家博物馆(National Museum of the American Indian)新馆开幕的过渡团队。该中层管理团队协调开幕活动的计划和实施,包括布展、藏品存放、分配员工和其他特殊事项。在这种情况和类似的情况下，该团队是临时组成的，在博物馆开放后就解散了。管理过程中更多用到的是影响力而非权力。

除了团队之外，与高层管理者的沟通交涉也非常重要。项目经理如何在组织各层级内分享信息和影响决策？在大型博物馆内，他们可能需要与职能部门的管理者、馆长和理事会合作。高层管理者不太想看到太多细节，所以把所有工作都概括在一张纸上就足够了。和高层管理者召开团队会议十分必要，这样可以在团队工作中建立信心和提高员工士气。领导力是一整套的技能，其中重要的一项是投入时间了解高层管理者接受信息的方式。如上文提及，当项目经理和高层领导共事时，就需要考虑如何沟通比较合适，他们需要多位高层领导的支持。使领导们在紧要关头成为盟友，这可能是需要去学习的。CEO 可能更愿意你及时以口头或者书面形式向整个高层团队更新项目进度，特别是你需要在资源或其他重大事项决策上作出影响时。

如果中层管理者得到了什么坏消息，首先肯定是想有什么方法可以解决问题。许多领导愿意作选择而不是在信息不足的情况下作决策。在这种情况下专家或盟友的意见非常有用。你或许需要联合同事或其他管理者，以便使博物馆领导放心。如果你和高层领导意见不一致，在你表达反对意见时请先征得领导同意，确保多用事实而非判断，保持谦逊，表现出尊重，同时要把你的观点与博物馆利益相结合。谨慎开明地传递信息非常重要，因为是否诚实地对待事实可以直接决定项目的成败[13]。史密森学会曾为中层管理者推出一项内部领导力培训项目，一年后，参与该项目的个人有机会学习领导力的最佳实践，学习与跨职能团队合作和沟通技巧。学会也同样为每个团队配置了资深导师,与他们在不同项目上进行合作,扮演非正式教练的角色。这种培训为员工提供了如何更好地与高层管理者沟通的技能与勇气,即便是向管理者传递坏消息。向管理者告知实情是非常冒险的,建立一套可选择的方案来帮助解决问题以及争取能够支持真相的盟友非常关键。中层管理培训的另一部分则是培养冲突管理技能[14]。

中层管理变革的一个有趣的案例发生在圣克鲁兹艺术与历史博物馆(Santa Cruz Museum of Art and History)。在这里,员工和高层领导一起合作,他们渴望在项目规划和实施中建立参与式文化。展览众包和项目创意以及权力不可避免向社区转移的实践是一次特殊且风险较高的冒险,这一现象在尼娜·西蒙(Nina Simon)的《参与式博物馆》一书中有具体谈到。在执行馆长的愿景下采取激进的变革,这对中层管理者是一项考验。有关对参与式规划的抵制也说明了这一点。一项重大改革会颠覆成员的专业地位,令所有参与者颇感困惑:规则究竟是什么?这只是一时兴起吗?失控是主要顾虑之一。由于这是一种全新的运行方式,受影响的员工需要控制流程。在第三章阐述的组织变革中我们已经知道,一个推出新形式较好的办法就是先小步做起。任命一位信任的中层管理者,使其作为协调员与社区开展团队合作是在新形式中建立自信的方法之一。当博物馆开始小步实验,如对新举措投资和制定补充政策时,新方法的实行会较为顺利。从下至上鼓励新想法会在新形势中给员工赋能,让员工充分相信这些努力会取得成功是最重要的[15]。

事实上,在博物馆推行试验的一个重要方法就是建立一支快速的表率团队,开发重大问题的解决方案或在重建工程中采取新的工作方法。这一类型的中层管理规划并不是博物馆的常用方法，但在竞争激烈的世界中它马上会成为必然选择，其结果就是同事的工作和你的一样重要，你们都在努力实现组织目标。试验团队的缺陷在于边界问题，以及这些边界是否会抑制良好的沟通。举个例子来说，团队刚成立时或许员工因怕被拒绝，在处理问题时不太愿意分享自己独特有用的信息，产生这一现象可能是由于身份不同。藏品经理或许会遵从策展人的观点，因为他们具有相似的背景、头衔和教育水平。不同性别、种族可能会带来问题，这时就会出现不愿意共享信息的情况，而这些信息可能正是解决问题的关键，因此就需要分管的中层领导能够促成富有成效的对话。

4. 博物馆部门领导者的形象

一些成功的博物馆中层管理案例有助于说明这一层级可以做些什么。安妮·阿克森（Anne Ackerson）和琼·鲍尔温（Joan Baldwin）很幸运地在他们的《重要的领导力》（Leadership Matters）一书中采访了一些中层领导，其中就包括雷·斯宾塞（Ray Spencer）。斯宾塞在2014年担任费尔斯通农场的经理和亨利·福特马术运营经理，他热情专注，相信团队学习并坚持在日常工作中践行博物馆的使命。他向团队展示了惊人的专注度和奉献能力，最终他们的工作给博物馆增添了价值[16]。

还有其他博物馆部门领导的案例。在第八章中，我们将关注3位职能部门领导发挥影响力的故事。对博物馆使命作出重大贡献的是纽约布法罗奥尔布赖特·诺克斯艺术馆（Albright-Knox Art Gallery）的吉莉安·琼斯（Jillian Jones）。作为发展总监和高层领导团队成员，她努力协调并确保了一批可观的竞选捐款以支持新的扩张项目。她在博物馆中的工作包括与高层团队合作，为博物馆注入新的活力，关注公众参与、多样化和创新。琼斯从之前组织的中层晋升到欧布莱·诺克斯的高层，组织形式设计和内部沟通方式都发生了新的变化。南卡罗莱纳州哥伦比亚爱德温彻儿童博物馆（EdVenture Children's Museum in Columbia, South Carolina）的劳伦·谢菲尔德（Lauren Sheffield）的工作是部门领导的另一个例子。她的职责包括战略规划、培训一线员工，并与 CEO 一同修改博物馆价值观以反映博物馆运营的理念。谢菲尔德发现从中层领导变革需要面对的挑战包括重组部门，这在转型过程中也很常见。桑德拉·史密斯（Sandra Smith）在匹兹堡海因茨历史中心（Heinz History Center in Pittsburgh）尤其关注公众参与。她的工作允许她在博物馆中设计规划新样本，她分享了他们成功的案例。每个案例都详细研究了这些人作为领导的个人想法。

最后，在考虑领导问题时，博物馆馆长同样也有能力影响理事会和其他重要的决策者。上述提到的许多方法对首席执行官和其他员工都非常有用，它对检验 21 世纪组织形式、变革举措的创新转型以及各层级领导适应内外部变革来说都非常重要。

问题讨论

1. 您的博物馆是如何利用项目管理体系来培养员工领导力技能的？

2. 组织内通过合作解决难题的方式有哪些？

3. 小型博物馆内，博物馆员工是如何扮演"温和的激进者"的？

4. CEO 或馆长是如何在工作中影响理事会的？

注释

1. Ethan Mollick, "Why Middle Managers May Be the Most Important People in Your Company," *Knowledge at Wharton*, May 25, 2011, http://knowledge.wharton.upenn.edu/article/why-middle-managers-may-be-the-most-important-people-in-your-company/.

2. Quy Nguyen Huy, "In Praise of Middle Managers," *Harvard Business Review* 79, no.8 (2001):72-79.

3. Debra E. Meyerson, *Tempered Radicals: How Everyday Leaders Inspire Change at Work* (Boston: Harvard Business School Publishing, 2003):165-171.

4. Robert Janes, *Museums without Borders* (London: Routledge, 2016):179.

5. Adam Grant, *Give and Take* (New York: Viking Press, 2013):150.

6. Gary A. Williams and Robert B. Miller, "Change the Way You Persuade," *Harvard Business Review* 80, no.5 (May 2002):64-73.

7. John Durel and Will Phillips, *The Deputy's Handbook* (n.p.: Qm^2, 2002).

8. Maria Quinlan Leiby, "Choosing Middle Management," *History News* 58, no.4 (2003):13–14.
9. Rafael Rosa, "Welcome, Mr. Director, and Good Luck!" *Journal of Museum Education* 34, no.2 (Summer 2009): 129–138.
10. Walter Crimm, Martha Morris, and L. Carole Wharton, *Planning Successful Museum Building Projects* (Lanham, MD: AltaMira Press, 2009):43.
11. Polly Mckenna-Cress and Janet Kamien, *Creating Exhibitions* (New York: John Wiley and Sons, 2013), 194.
12. David Frame, *Managing Projects in Organizations* (New York: Wiley, 2003):69–70.
13. Amy Gallo, "How to Disagree with Someone More Powerful Than You," *Harvard Business Review*, March 2016, https://hbr.org/2016/03/how-to-disagree-with-someone-more-powerful-than-you? platform=hootsuite.
14. 在参与史密森学会拉塞尔·E.帕默尔(Russell E. Palmer)领导力发展项目中作者与劳伦·特尔钦-卡茨的对谈。
15. Nina Simon, *The Participatory Museum* (Santa Cruz, CA: Museum 2.0, 2010):321–347.
16. Anne W. Ackerson and Joan H. Baldwin, *Leadership Matters* (Lanham, MD: AltaMira Press, 2014):78–81.

第六章 未来领导力：创新

无论今天还是未来，领导力的成功都离不开一系列方法，包括创新变革、决策规划、创意思维和敏捷的项目管理、内部重组和团队流程，以及新的商业模式和技术手段。本章将会关注商业和非营利组织领导力的最佳实践，重点介绍成功的博物馆案例，特别是对转型升级和创业创新的领导。

一、创新：过程与结构

创新观点是 21 世纪的核心价值观，现代社会就是各个方面创新发展的产物。博物馆创新在 21 世纪方兴未艾，并且似乎带着一点儿狂热感。仔细研究一下这股热潮的意义，可以帮助我们理解如何运用它来获得成功。第三章中我们研究了组织内的"破坏性"创新理论，该理论于 20 世纪 90 年代中期首次被提出。相关理论认为，初创企业进入市场来涉足尚存在需求的各个领域，随着企业逐渐壮大，它们或许能够通过获得越来越多的市场份额来赶超现有的一些企业。生产 iPhone 手机的苹果公司当初推出移动台式/笔记本电脑时，曾被看作是"破坏者"。在许多情况下，颠覆性创意是一个逐渐打开再到被接受的过程，其效果不会立竿见影。这种领导力哲学起源于 20 世纪 80 年代在美国盛行的全面质量管理运动（Total Quality Management，TQM）。在不断提高、以顾客中心和员工参与的理论基础上，TQM 在制造业、服务业的工人和经理间建立起新的劳动力合作关系。著名的案例就是加利福尼亚新联合汽车制造有限公司（New United Motor Manufacturing, Inc., NUMMI），日本的 TQM 系统彻底改变了工人作为决策者的角色，简化了流程，提高了产品质量[1]。

今天，谁是创新者？亚当·格兰特（Adam Grant）在他的畅销书《离经叛道》（*Originals*）中就该现象提出，领导变革的并不总是那些常把改革放在口头上的人，事实上，很多成功的创新者倾向慢慢前进以避免错误。"他们踮着脚尖小心翼翼地走到悬崖边上，精确计算下降的速度，再三检查降落设备，并制定好底部安全措施，以防万一。"[2] 在这一情境下，拖延倒是成了优点，分歧得到了充分协调，因为随着时间推移，小的调整会带来更完善的想法。创新者抛出想法寻求回馈，在工作场合，这些反馈通常来自同事。回想第五章中提到的"温和激进者"的"无力沟通"，在通过发挥影响力来促进变革上，一些经典模式会更成功。在组织中维持创造精神的一个不利之处是，当组织在生命周期中逐渐成熟，领导者会变得志得意满，因此不断鼓励多元的新观点和新方法是非常重要的。

创新把重点放在风险和失败上，因此当代领导者需要在员工提出新观点时予以鼓励和保护。许多人拒绝尝试，因为失败的感觉并不好，也会打击自己的自信心。聪明的领导会通过强调学习文化来帮助员工获得安全感。但如果失败能提供经验，那么鼓励甚至奖励失败或许也是一种好办法。领导应当"采用能反映好奇心、耐心和包容不确定性的探究方法"[3]，以开放的态度对待新观点。为打破 CEO 职位本身存在的沟通障碍，有效的领导者希望在利益攸关者和员工那里看到诚实坦率，尽管有时候这种诚实很残酷，因为创新多少会让你暗自感到之前有些事情是错误的。

1. 作为创新者的学习型组织

组织创新最需要考虑的就是确保有一个在组织范围内都适用的学习流程，但因害怕失败、对过去成绩过度依赖、倚靠外部专家，以及太过渴望尝试新的事物等因素，这一现象不太可能会发生。因此，领导者就有必要强调，失败是一次学习的机会，每个人都需要为所犯的错误担责。在当今压力大、节奏快的社会，员工没有足够的时间停下来反思，所以平常的休息和放假就显得至关重要，成功的领导常会留出时间供大家思考，虽然这种思考没有固定的模式，但还是要去做。比如，我们可以制定一项规则，约定周五不开会，让员工反思。博物馆过度依赖专家的现象真实存在，他们常聘请顾问，这会让博物馆焕发活力，但也可能是个陷阱。其实，一线员工本身或许就是收集数据和解决问题的最好资源，并非完全需要靠外部专家。想想诺德斯特龙百货公司（Nordstrom）的销售团队，他们虽然在一线，但是有权第一时间解决问题[4]。

2. 创新和敏捷方法

什么是"敏捷（Agile）"？这在服务产业的软件开发中是一个非常流行的系统，现在越来越多的博物馆也加入其中。该过程借助一支小型的跨学科队伍发挥"讨论"的作用，他们启用创新型、适应型团队以解决复杂问题，目的是不断消除传统方法中的时间和步骤浪费与低效现象。操作的简化可以有效提高决策的速度，缩短成本高、耗时久的开发过程。小团队（讨论团队）致力于解决部分问题。他们通过实验和反馈来解决争端，而不是无止境地争吵或一味迎合领导。他们与一些顾客一同检验部分或所有产品的小型的工作原理，并周期性地将反馈融入产品中。敏捷学习过程需要把各学科背景的团队成员都加入进来，也因此给内部员工提供了发展机会，帮他们建立彼此间的信任。这是一种新的项目开发形式，博物馆也开始将其运用在软件外的领域[5]。伊丽莎白·梅里特（Elizabeth Merritt）在给《博物馆》（*Museum*）杂志撰文中，把敏捷设计过程描述为一种对学习倾向"小赌"的态度，并在过程中接受失败，把失败看作一项学习工具。因此，我们需要抛弃"完美主义"，从错误中吸取教训。几十年来，学习文化和不断改进已经被大多数成功的组织接受，但目前许多博物馆仍没有完全适应。幸运的是，美国博物馆与图书馆服务协会（IMLS）已经开始为那些小型项目提供能"激发火花"的津贴补助，这些小型项目都在致力于推进21世纪技能的提升[6]。

把"成功的原型"快速推广可以在服务新观众中带来突破，因此有必要在更广的范围内分享这些成功的故事。比如，"博物馆设计思维"博客就是一个非常实用的平台，另一个接受敏捷方法的博物馆是盖蒂博物馆，它在每一个展览标识、网页再设计和教育项目中，都阐明了头脑风暴和原型方法，并具备从终端用户到观众的反馈闭环[7]。

与敏捷方法相关的是设计思维，两者间最有趣的相似之处就是员工既是项目驱动者也是改革者，两者都把员工组织成跨职能团队，促进产品、服务或者软件问题的解决。敏捷方法通常被运用在软件项目中，而设计思维则更广泛地运用于项目开发。重构问题描述、使用原型和开放式的"假设"提问都是典型的工具，可视化、流程图和讲故事则经常作为流程的一部分来处理组织内外不同的声音。设计思维在博物馆内的经典用途就在新展览的开发上，但它也同样可以在设施再设计、开发新战略过程中发挥作用。它是管理变革的有力途径，但也给"加深与利益攸关者的互动"增加了重要维度，在这里，利益攸关者指的是顾客。设计思维以人为本，也体现了共情、探索和迭代，是迈向正确方法的一小步。对于博物馆而言，这种方法最常用在更好理解社区需求上，进而帮助解决社会问题，常见的案例有完善环境可持续项目或者在学龄儿童中增加营养膳食等。它在所有情况下都强调多元化的力量，在过程中包容更多声音[8]。

博物馆以重要的方式接受了设计思维。大急流城美术馆（Grand Rapids Art Museum）在很多活动中用到了这种方法，而不仅仅局限于展览。员工接受了这些技能上的培训，以确保各项努力取得成功。由于博物馆需要应对外部变革，设计思维方法可以为更多灵活变化的展览制定原型[9]，这一方法的优势和重要性正不断加强。以充分注重探索实验闻名的旧金山探索馆（Exploratorium）最近任命了艾迪欧公司的设计师克里斯·富林克（Chris Flink）担任执行馆长，此举也为创新型领导指导项目提供了保障[10]。

3. 重新考虑结构

正如我们在上文中提到的，创新型的流程无法在传统组织机构中生存，因此，我们有必要摒弃属地、孤岛和等级的观念。改变组织结构是必须的，但也不是一件容易的事，有些解决方式很激进，有些则是通过临时的改革对其进行修补。这种变革有两种定义：重组和重新配置。前一种通常更激烈，会产生新的核心业务活动和任命新成员。一般来说，这是一项比较受欢迎的方法。然而，在竞争激烈的社会，快速小规模的变革会更有意义。这与第四章中谈到的适应性领导力相符合。一般来说，组织会基于团队实际来推行核心工作。

最近几年，有关自我管理的（或"无我的"）团队环境越来越受到重视，它也被称为"共治"。这些都是非常流行的结构，可促进创新、提升灵活度和生产力，对上述提及的敏捷和设计思维系统也非常友好。共治结构中的"循环"系统尝试废除传统等级（见图 6.1）。员工根据需要在循环中进出以完成工作。团队签署书面承诺来开展他们的工作和自我管理，详细说明双方责任，协商一致后再作决策。在这些强调多技能的循环中，员工或许不止扮演一个角色，他们根据组织的需要组建、解散和重新定义个人角色[11]。事实上，一些组织正在放弃雇佣长期员工来尝试建立"随需应变的团队"，其中包括顾问、自由职业者和专家。这一方法的价值在于团队可以利用技术熟练的专家，而不是现有的但对特定工作没有接受过训练的员工，这可以让组织在竞争激烈的社会中快速采取行动，并合理节约雇员成本。当代劳动力正在发生改变，近期的调查显示，相比长期聘用，个体可能更喜欢这种"基于需求"的工作经历[12]。它在博物馆中有用吗？或许只有在初创企业或博物馆的要求下，员工不得不进行高水平的创新工作。自我管理团队的一个主要的争议在于缺乏一个强势的项目经理来协调、细化发展、宣传和解决争议。比如，在新的项目工作模式中，谷歌发现雇用那些能够开发和激励团队、更乐于分享信息的领导者在高度独立的工程师文化中非常重要，所有这些软实力有助于改善他们的工作结构，这也在员工的反馈调查中得到了进一步证实[13]。

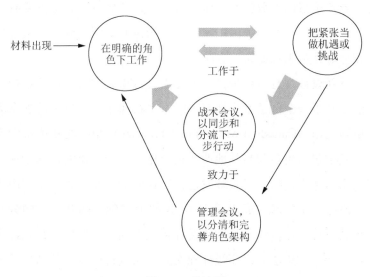

图 6.1　共治图

不管选择的是什么结构，重组都是花费时间的、痛苦的过程。正如我们在第三章管理变革中讨论的，重组是大多数行业一贯的活动，它需要做大量的说服工作，因为员工通常把它看成是管理层要求的另一项变革。通常重组会把错误的人放在了权力位置上，使得现有关系受到影响，导致员工对他们的角色感到不确定。重组需要有强有力的变革授权，可悲的是，有些变革并没有经过深思熟虑，更别提被接受吸纳了，因此包容员工的意见、任命项目经理和顺畅有效的沟通能帮助重组顺利进行。从一个小的变化到收购这样的重大变动,都需要密切关注其规划和实施,因此,有相关系统来反馈和分享信息是十分必要的。变革宣布时本不应出现意外,但通常管理层会忽视及时通知员工决策结果和解释决策的标准,使员工产生抵制情绪,再加上实施的时间和成本压缩,员工精神涣散,高层管理者阻止,以及一成不变的工作流程,导致重组以失败告终。所以,一旦进行变革,总是需要有人进行沟通。第三章中美国国家历史博物馆的案例强调了重组过程中充分尊重员工意愿这一方法。

重新设计现有流程是另一种无需进行重大重组来调整结构的方法,其中一个例子就是拥有400万文物和400位员工的加拿大历史博物馆(Canadian Museum of History)经历的几项重大变革,其中包括更名和与其他博物馆合作。一个主要的目标是在员工中重新定义包括"经验开发过程"在内的工作流程。变革由项目经理办公室发起,成立一支15人的中层领导团队,一同分析和重新设计工作流程。与敏捷设计系统不同,该迭代过程允许在用户之间测试想法并以非线性和交互方法进行调整。其结果是展览开发系统的管理团队具有更清晰的角色定位、分散的权力、更短的时间框架,以及更多的责任[14]。

除了重新设计、原型设计和其他现代系统,我们如何简化决策流程?组织变革的障碍通常包括浪费时间的会议,这些会议拖慢决策进程并让员工抓狂,特别是在今天这样的热衷会议的文化中,我们需要重新审视会议。既然我们将大部分时间花在了会议上,会议就必须富有成效。审视可以让所有参与者反思哪些会议有效,哪些无效。改善这一问题的方法包括设定无会议时间,鼓励居家办公以聚焦完成个人工作目标,以及确定谁真正需要参加会议。此外，还应把会议期间不得查阅手机放在基本规则内！会议工作还包括作好会议议程安排，议程需涵盖时间、内容和后续行动。会议前有必要确认以下几点：会议的目标是什么？是否涉及紧急情况？谁需要在场以及他们负责提供哪些信息？事先安排会议非常重要，要确保议程和材料发送到出席人员手中。会议也应该简短。它需要面对面吗？如果会上还需要作出决策，就应该预留好检查和讨论问题的时间。每位与会者都应有机会在会前对议程发表评论，会议主持人（项目经理或协调人）应提供讨论的基本规则以及管理好会议流程。推进会议进程就好比"放猫"一样，有很大的难度。坚持观点很重要。主持人需要总结对话并确认哪些内容是赞成通过的，哪些内容还存在争议。通常，重述与会者提出的要点有助于推进会议。会议现场还应该有一个记录员，把决议写在白板上，如果是线上会议可以以其他形式标注出来。

二、改变商业模式

根据吉姆·柯林斯的说法，所有经久不衰的公司都需要在时间的推移中不断重塑自我。博物馆可以通过在新的商业模式上开发研究项目做到这一点。这个想法是由罗伯特·简斯（Robert Janes）在2009年提出的，当时他鼓励该领域的专家积极分享成功和失败的经验与教训，发展创新论坛，甚至创建区域组织以共同分摊成本，其中一些可能是其他非营利组织[15]。至少博物馆应该考虑开发为客户或观众服务的模型；在修改运营、收入模型或合作时，需要制定明确的业务计划。业务计划以战略规划为基础，是对拟议企业的财务、运营风险和报酬的综合声明，并且在很大程度上依赖于可以证明拟议计划的可行性和可持续性的数据。这些计划详细说明了组织的优势、管理、财务和声誉以及他们对新想法的愿景。市场分析是基本的，因为它是良好的风险/回报或投资回报方法。现在，非营利部门和博物馆对这一规划阶段还没有给予充分的重视，但如果我们要取得成功，就需要对此进行严格的分析。

1. 企业与社会价值

今天，企业的价值观也在向非营利组织靠拢。社会影响通常是现代企业的基本核心价值。例如星巴克，一直致力于定制和生产可持续的产品，培养员工职业素养，甚至提供大学学历进修机会。企业慈善已经成为良好商业实践的重要部分，特别是在支持当地社区方面，良好的实践可以大大提升品牌效应。社会使命也是招聘和留住员工的动力之一。韦格曼斯（Wegmans）一直被认为是最适合工作的 100 家公司之一，这是一家非常慷慨的公司，产品性价比也非常高。他们向顾客和公众承诺会不断改进服务。"我们希望对每一个我们服务的社区做一点贡献。"[16] 他们坚信员工赋能。共享价值是当下一个不断发展的概念，它强调社会影响是公司的核心任务，对博物馆项目的资助就是一个例子。韦格曼斯多年来一直在儿童教育方面与斯特朗国家玩具博物馆（the Strong National Museum of Play）和美国历史博物馆（Museum of American History）保持着合作关系。随着企业在这一概念上的参与度越来越高，他们很可能在未来和一些非营利机构展开新的合作形式，或者也有可能提供能与博物馆竞争的社会服务[17]。

倘若对这一概念再多加思考便会得出一种新的混合模式。福利企业（B型企业）就尝试建立一种更为高效的社会服务系统。事实上，这些混合组织是营利实体，通过为投资商挣钱来开展商业活动，并在此过程中传递社会效益。尽管这是一个新的概念，但至少已在一家博物馆中开始尝试。在华盛顿有一家B型企业成立了一个新的同性恋权益博物馆。CEO蒂姆·戈尔德（Tim Gold）在2012年发表的文章中写道："作为受益人，福利有限责任公司让我们吸引那些不仅致力于博物馆发展但也对社会底线问题感兴趣的投资商。"在财政可持续性的诱惑下，初创企业当然会尝试这种形式[18]。另一个融资案例是旧金山耶尔巴布埃纳艺术中心（Yerba Buena Arts Center）正在开展的一项合作，拉动财政机构、社区团体和其他人来投资"具有社会影响力的艺术家和企业家"。投资所产生的回报将是生活质量的提升而非财政收入[19]。

有时候博物馆会决定采取一些特殊措施来保障他们的财政可持续性。2015年和2017年，新闻博物馆（Newseum）发布消息，出售他们宾夕法尼亚大道的馆舍以应对金融危机。那些因扩建而债台高筑的博物馆解决危机的一个著名做法就是签署救援协议。旧金山亚洲艺术博物馆（Asian Art Museum）借助政府介入债务谈判解决了危机，费城请触摸博物馆（Please Touch Museum）借助慈善支持和债务减免解决了破产问题。但还是要尽可能避免这些情况发生。提供专业的服务或许是获取新收入来源的一个更能够被接受的方法。阿姆斯特丹梵高博物馆（Van Gogh Museum）通过提供国际专业咨询服务建立收入来源，员工致力于藏品保护、博物馆管理，为观众、企业和非营利客户提供教育服务，他们的业务还包括与卢森堡德勤公司和荷兰TIAS商学院合作[20]。

2. 合作、伙伴和其他

华盛顿特区卡内基图书馆（Carnegie Library）的苹果商店是一个独特的公共与私人伙伴关系的案例，它把深受欢迎的零售商和想要寻求自我改变的传统历史学会组合到了一起。这栋建于1903年的具有历史意义的建筑将通过改造进一步完善保存条件，其内部可以容纳苹果商店、历史学会藏品、图书馆和展览。这是一个非常有趣的选择，因为苹果公司拥有巨大的财政资源，也希望将自身的商店转变成可以体验音乐会、艺术展和摄影班以及其他可以凸显该馆特色的项目。该举措模糊了营利和非营利机构之间的"界限"，并可能会在提升传统内容中给历史学会造成不利影响。但是该馆已经历经10年的动乱和重构，这一联合或许能为一流博物馆在设施转型和促进创意项目上提供借鉴[21]。

另外一个久经考验的合作是田纳西州查特怒加市的三家博物馆，它们决定在开放新的河边地区设施时，成立联盟来支持他们的运营。2001年亨特艺术博物馆（the Hunter Museum of Art）、田纳西水族馆（Tennessee Aquarum）和创意探索儿童博物馆（the Creative Discovery Children's Museum）决定采取超越市场联合外的方式来募集资金和获取行政支持。水族馆本身就有丰富的财政经验、人力资源和技术系统，可以为其他两座博物馆提供服务。他们也同样在展览中达成合作，完成了一项1.2亿美元的资本联合。虽然这一联合是一项伟大的合作，但合并还需要更多的努力，包括选择一位领导和成立理事会。在2006年，科学空间（Science Place）、自然历史博物馆（the Museum of Natural History）、儿童博物馆（the Children's Museum）三家合并为达拉斯自然与科学博物馆（Dallas Museum of Nature and Science），新馆（后重新更名为佩罗自然与科学博物馆，Perot Museum of Nature and Science）于2012年成功开放了一项新的设施。这次合并同时需要合并理事会，选择一位新馆长，以及削减10%的员工。该项目可以被看做非营利机构合并的典范，2009年获得北极星基金会奖。许多类似的正式联盟正在博物馆领域形成，并通常能获得个人和基金会的重大资助。这通常是建立一个可持续组织的最聪明的方法[22]。

另外一些创新合作伙伴关系旨在提升劳动力多样性，比如华特斯艺术博物馆（the Walters Art Gallery）与马里兰大学（University of Maryland）巴尔的摩分校的合作。他们的合作确定了共同的利益范围和潜在的合作领域，比如为服务能力不足的大学生和研究生开拓途径，让他们担任博物馆的实习生或研究员，策划或协助展览以及共同开展研究活动[23]。

虽然以上所有这些合作和联合都具有吸引力和创新性，但在进入这些新领域时领导必须谨慎对待，他要花点时间来评估这些伙伴关系的优缺点，特别是如何实现价值互惠，这是必要的第一步。伙伴是否会帮助提高使命和战略规划？营利性的合资企业可以带来所需的专业知识和资源，历史频道就是一个例子——它和大量博物馆合作为公众开发影片或其他体验。要想成功建立这些关系，就需要制定管理规划和决定联盟生命周期的法律合同，财政、市场、品牌意识和博物馆名誉问题都需要考虑在内。价值使命和运行模式的匹配非常重要，商业伙伴毫无疑问会比典型的博物馆工作模式步伐更快，但可能也会对博物馆专业标准欠缺考虑[24]。

3. 在数字世界中领导变革

社会变革平台的建立可以加深社区参与，并在解决关键问题上联系利益攸关者。除了传统商业模式以外，这可以成为提升践行使命能力的新型工作方式。只要你有好的想法，都可以在问题解决过程中联系组织和公民，为他们提供服务。一个现有的案例就是"我们的权力中心（Salesforce.org）"，这是一个软件销售团队官网，也是一个解决社会问题的富有活力的平台[25]。寻找虚拟方法来解决社会问题将是未来的趋势。社会变革作为一个平台首先是一项商业战略，同时也需要融入每个组织战略规划的变革理论。常见的在线平台允许组织（营利或非营利）分享信息、解决方案和内部解决问题。尼娜·西蒙作为领军者已经运用了平台中的一些工具，在她的"博物馆2.0"博客中，她介绍了自己是如何运用如Slack这样的新工具在博物馆中避免官僚主义。这款线上软件能让员工不通过传统的电子邮件就能分享团队项目信息、定期沟通。"Slack里的每一个频道都是公众默认的。这意味着任何一个员工都可以查看团队或项目内正在发生的事情。"这种开放的运作方式也适用于他们的办公空间。和硅谷之类的公司一样，她的员工同样可以在同一个空间工作。Salesforce用来记录捐赠者、成员和社区合作者的数据，所有这些数据博物馆的员工都可以获得，此外还跟踪了所有的战略目标，其过程也是全员可见[26]。

当我们考虑虚拟办公室和网络化工作时，影响决策和变革的能力就更加简单。多年来，博物馆一直在用专业的最佳实践标准来构建社区。我们是否能运用虚拟化的网络提升这些标准或建立新标准？负责积极藏品网站（ActiveCollections.org）宣言的团队或许就是一个例子，该宣言解决了罗伯特·简斯在其《动乱中的博物馆》（*Museums in a Troubled World*）一书中强调的积压多年的藏品建立和保护问题。团队由大量历史博物馆的专家组成，他们相信"博物馆不仅仅保护物品，也用它们来激励、启发和连接"。他们相信所有藏品并不生来平等。"我们相信有些物品比其他更能支持使命——不是出于它们的价值或珍贵性，而是出于它们讲述的故事和阐述的想法。最能为公众提供价值的物品应该最值得我们投入时间和资源。"该宣言呼吁积极的分享、筛选和更多的思考。这种跳出思维定式的方法由专业人士领导，他们在线分享了案例，为博物馆领导者今天所面临的主要问题提出了解决方案[27]。另一个相似的案例是由明尼阿波利斯市艺术博物馆（Minneapolis Institute of Art）员工成立的 Massaction.org，旨在解决如下问题："博物馆内部实践应如何改革以便其与公共实践保持一致，并更好地提供信息？博物馆如何作用于社会行为？通过一系列公共会议和资源工具包的建立，该项目意在分享解决这些重要议题所需的战略和框架。"[28] 这是一个雄心勃勃的目标。

三、转型类领导

在当下各类商业模式、合作伙伴和外部威胁瞬息万变的世界，有一个勇敢的领导者显得尤为必要。企业和非营利机构需要寻找的创新型领导应具备如下特质：

- 有在未知中生存的能力；

- 有创新和创造项目的热情；
- 有说服力。

尽管这些领导者喜欢挑战，但也会努力缩小挑战带来的风险，更接近于亚当·格兰特在《离经叛道》一书中描述的创新者的形象，他们倾向专注于自己的观点和更多地去动手实践，这更像是站在圆圈的中心而不是从高层发号施令[29]。在今天的博物馆中，谁是转型类的领导？以下是几个典型的案例。

艾利克斯·尼格耶斯（Alex Nyerges）是弗吉尼亚美术馆（Virginia Museum of Fine Arts）的馆长，他成功领导组织完成了为期5年的扩建、战略规划、展览策划、社区教育和学习项目，这些都对城市和所在的州带来了实质性经济效益，博物馆的会员人数和参观量也有显著增长。博物馆白天对公众免费开放，扩建给博物馆增加了2个高品质的餐厅、1个新的商店，以及开展特殊活动和收藏的新空间。与那些在重大建设项目结束后筋疲力尽的馆长们不同，尼格耶斯从提升观众参与度出发，不断完善博物馆管理[30]。博物馆致力于打造一支多元化的劳动力队伍，2017年7月，有5名非白人女性担任该馆的高级领导者职位[31]。

另外一位转型类领导是圣地亚哥人类博物馆（San Diego Museum of Man）的CEO米卡·帕曾（Micah Parzen）。帕曾有人类学博士后和法律工作经历，他在2010年把一系列新鲜的想法带入博物馆，他快速制定战略规划，解决财务问题并最终使博物馆成功转型。在转变博物馆内部文化方面，他对团队活力的关注与作出的努力也是他所取得的另一项重大成就。与社区建立联系意味着要挑选能产生共鸣的主题，例如理事会文化、种族与性别、移民等。在 2016 年 AAM 的年会中，帕曾谈到了聚焦爱和同情的博物馆业务战略，他把博物馆看作一个学习型组织，关注文化价值并引入规划和工业心理学方面的顾问。对员工福祉的关注也是他的一项重大关切[32]。

凯文·费尔德曼（Kaywin Feldman）是明尼阿波利斯市艺术博物馆（Minneapolis Institute of Art）的馆长和主席，她在任期内推行了一套新的观点和创意。学会有关 2021 年的战略规划建立在许多外部变革推动的基础上，特别是对多元和包容、大数据、新技术和社区参与的关注。该规划传递的价值包括激发好奇心、构建社会资本和提供个性化体验。费尔德曼写到了创建文化和接受变革的需要："接受失败和反复发展是创新实践的重要组成部分，但这不能光落在纸上，同时还要对机构文化进行检验，对既有实践进行挑战。博物馆必须在整个组织内部培养有经验的、有创意的领导，他们能够推动试验、组织学习和改进战略。"她的努力侧重于各层级的创新领导和鼓励把失败看作学习工具，把资金用在各种项目上以鼓励研发文化[33]。员工在项目中运用敏捷工作法就是对这一新兴组织转型的有效说明。反复更迭可以确保持续性进步，以及组织员工开展信息共享和规划。自我指导的工作组有权作出决策，只要能听到员工的共同语言和证词，就表明转型正在发生[34]。

领导们在行业内发挥的影响是长期的，因而认可他们的工作非常重要。或许最有影响力的例子之一便是罗利·亚当斯（Rollie Adams）和其员工在国家玩具博物馆所做的工作。从 20 世纪 80 年代后期开始，经过几十年的不断发展，亚当斯和他的员工把一个传统的历史艺术博物馆转变成以玩具为主题的博物馆。在这期间,博物馆制定了新的战略规划,进行市场调查,培训员工服务观众的能力,开展全面质量管理(TQM),构建以团队为基础的运营模式,定义新的面向更广泛观众的服务模式以促进社区参与。在此过程中,博物馆重新定义藏品、扩建设施、修改使命,以关注与玩具的相关主题。其结果是,今天博物馆的参观量不断创下新高,社区的支持也越来越多。"博物馆通过探索玩具以及它是如何促进学习来发现和解释文化历史。"[35]

1. 创意博物馆案例

博物馆正在率先成为创意中心。除了运用精细和敏捷的方法来满足使命外,多样性和包容性都是今天推动博物馆变革的基础。种族、道德和基于性别的多元化问题已成为多年来博物馆规划的前沿和中心,现在的重点正聚焦于如何提升员工的多元性。芝加哥菲尔德博物馆(Field Museum)在过去10年经历了一系列重组、裁员和破产过程,恢复后的博物馆近期推出了一项博物馆文化倡议来更好地理解劳动力需求[36]。聪明的博物馆领导者开始更好地去了解员工的顾虑,思考如何能够推动一个更高效、更具关联性的组织,而不是继续忽视这些问题。儿童博物馆协会(Association of Children's Museum)的执行馆长劳拉·许尔塔-米居斯(Laura Huerta-Migus)把这种对员工的关切视为培育积极的工作环境、保留员工和减少流动的一种方式,同时它也可以解决多样化、生活薪资和福利等各项问题[37]。

另一项创新则瞄准了公众服务。纽约新当代艺术博物馆(New Museum in New York City)馆长丽萨·菲尔普斯(Lisa Phillips)被看作纽约艺术圈最具权威的人物,她推出了一项艺术设计孵化项目。在一次接受《纽约时报》的采访中,菲尔普斯指出,她的领导风格很低调。"软实力这一概念现在有点老生常谈,但这的确就是我经常想要做的事情,也是让这个博物馆变得不同的原因所在。"她在博物馆的工作包括策划前沿展览和"城市智库、科技企业孵化器之类的高度实验性项目,后者也是博物馆首创"。博物馆就像一个股份有限公司,一个由大量住户占据的孵化空间,它拥有由众多成员组成的跨学科社区,研究艺术、技术和设计上的新想法和持续性实践[38]。

博物馆创意项目的实践者还在不断增加。密苏里州的自由边境国家遗产区域通过 Twitter 上的情景再现,纪念昆特里尔(Quantrill)突袭堪萨斯州劳伦斯市一百周年;俄亥俄历史联系学会(Ohio History Connection)分时段开放了俄亥俄村,志愿者讲解员可以住在其中。这两个项目都被美国州和地方历史协会授予"历史领袖奖"[39]。

在核心价值观受到外部威胁的时代,为了回应支持社会正义和鼓励同理心的需要,博物馆正在谈论一些大胆的立场。位于北卡罗来纳州夏洛特的新南莱文博物馆(Levine Museum)致力于社区参与,举办讨论社会正义问题的论坛,通过展览和公共项目,让社区参与到当今世界面临的重大问题中。博物馆支持一系列核心价值观,这些价值观"指导我们要做什么以及我们该怎么做,相关举措可以是奖学金、教育、合作、包容和财政责任"。关于变革和多样性的对话一直是该博物馆的焦点。社区中一名公民曾不幸遭遇枪击并引发骚乱,博物馆随后采取了行动,首席执行官凯瑟琳·希尔(Katherine Hill)提出:"在凯斯·拉蒙特·斯科特(Keith Lamont Scott)受枪击后,我们发表了一份声明,描述了莱文博物馆是如何帮助夏洛特的居民从过去的历史中理解今天发生的事件,更重要的是,我们承诺保存夏洛特地区对这一时刻的记忆,确保这一刻不会随新闻周期更替而从社区记忆中消失。"[40] 其他例子包括针对政治变革的抗议行为,如韦尔斯利学院(Wellesley College)所做的。该学院为了回应特朗普的移民禁令,制作了移民艺术品,还有几家博物馆的社交媒体员工发起了一项"真相日(Day of Facts)"活动,旨在提高公众对一些企图关闭涉及科学信息网站的关注[41]。上述例子表明博物馆一直致力于发挥其社会影响力,今天的领导者需要在社会问题上发表意见,这要求各个领导层级都能勇敢和清晰地进行自我表达。

另外,有关支持社会变革方面的努力还包括可持续性实践。在许多科学博物馆中,环境的可持续性在规划和运营中扮演着重要角色,一些博物馆已经先行采用绿色实践,为观众在教育项目和展览中提供绝佳的案例。比如,匹兹堡菲普斯温室植物园(Phipps Conservatory)是世界上最环保的博物馆之一,二十多年来,执行馆长理查德·皮亚琴蒂尼(Richard Piacentini)把他在可持续性实践上的热情从植物园的建筑延伸到了日常运行、餐饮设施和公众项目中。他们的可持续景观中心是世界上11座成功获得"生态建筑挑战(Living Building Challenge)"认证的大楼之一,这是最严格的绿色建筑认证标准。皮亚琴蒂尼指出:"对我们来说,重点是说到做到。我们看到不管是这里还是全世界,对公共花园来说,都是一次巨大的提供环境领导力和灵感的机会。为了做到这些,我们关注所有我们做的一切——从建筑和园艺实践到食品服务和运行——然后问自己,我们如何能做得更好?"[42]

他们现在拥有能源和水资源回收利用设施。他们的目标是让人们思考可持续行为。他们认识到，将人特别是儿童与自然联系起来非常重要。从理事会到一线工作人员，他们都有自己的使命。事实上，像许多科学博物馆一样，他们已经放弃了化石燃料储备，转而投资可再生能源[43]。研究指出，将环境可持续性作为优先事项的企业拥有更快乐的员工队伍。在这些情况下，员工接受最佳实践培训，成为事业的佼佼者，他们对变革的看法被采纳，这种"更高的事业"对大多数员工来说是非常具有激励性的。因此，更快乐的员工将成为更富有成效的雇员，并表现出对使命的奉献精神。这个领域值得进一步研究，以确定同样的情况是否适用于博物馆[44]。

上面的例子非常能说明戈尔曼和其他研究人员倡导的对同理心的重视。这一价值观是具有自我意识、专注力、外在观察力的领导者的特征，能够助其过滤掉大量干扰。压力、不满和不确定造成的焦虑气氛会导致士气低落。今天，我们看到许多关于幸福的研究和课程，它已然成为我们社会中经常缺失的一项基本权利。我们决心在规划中体现同理心，协同开展工作。运用设计思维、适应性领导能力和敏捷技能来解决问题和实现使命，这些都是21世纪博物馆发展的重要工具。学习型组织会不断寻求新的联系、新的解决方案来完善运营。对等级制的抵制至关重要，共享权威是当今所有领导者面临的挑战。在一个大家对任何事物都觉得越来越无关紧要的时代，博物馆领导者需要采取大胆的步骤，成为管理者而不是旁观者，正如罗伯特·简斯警示的那样[45]。关于这个话题，尼娜·西蒙已经阐述了我们可以关注的最佳实践，例如她的"社区优先"过程，通过焦点小组、志愿者、咨询委员会，以及对重要事项的深入对话来联系各社区[46]。

反思第二章中吉姆·柯林斯和杰瑞·波拉斯的教训，我们知道核心价值观是企业长期成功的原则之一，因此当今的博物馆也迫切需要关注它们的价值观。以作者的经验来看，价值观一直难以捉摸，它们在战略规划过程中被定义，却容易在繁忙的日常商业活动中被忽视。这些价值观是将我们团结在一起的黏合剂，它们会巧妙地指导我们的决策，一旦我们偏离便会受到惩罚。

2. 作为核心价值的同理心

同理心研究显示，讲故事、角色扮演以及把人类与历史、科学和艺术相联系的情景式学习对观众至关重要。随着博物馆处理同理心的境遇变得越来越复杂，各种辅助性工具正在出现。诺里斯（Norris）和蒂斯代尔（Tisdale）描述了一个将情感融入展览开发的过程。首先从团队学习主题开始，成员相互讨论对各种展览的个人反应；然后是概念设计阶段，由一张"情感地图"来引导游客如何体验展品和布局，以及在过程中声音是如何来分享情感的[47]。作为一种前沿哲学，对同理心的关注目前可能只存在于组织的某个领域，还没有被全体员工和理事会接受。博物馆全方位致力于同理心建设还是理想的模式[48]。今天的创新型博物馆正在通过重新审视使命、管理和财务状况，来反思他们将如何产生社会影响。关于这一过程，奥克兰博物馆（Oakland Museum）副馆长凯利·麦金利（Kelly McKinley）概括了其最终目标是形成一份社会影响声明和相关的成功措施[49]。

上述关于现代组织结构、跨职能适应性变革体系、变革型领导者以及社会影响和同理心多样化方法的案例，是当今创新领力的缩影。我们如何确保组织的各个层级都具备有能力且令人舒适的创新者呢？我们的下一代呢？我们需要讨论如何为这一关键角色作好准备。

问题讨论

1. 您所在的博物馆有哪些实践创新的举措？
2. 决策思考如何运用到新战略的规划制定中？
3. 思考博物馆或博物馆与营利机构间的合作案例。这些案例取得成功的方法有哪些？
4. 在小型的博物馆中有哪些可以推行且能够快速复制的决策制定方法？

注释

1. Charles Duhigg, *Smarter, Faster, Better* (New York: Random House, 2016): 165.
2. Adam Grant, *Originals, How Nonconformists Move the World* (New York: Viking Press, 2016): 23.
3. Amy C. Edmondson, *Teaming: How Organizations Learn, Innovate, and Compete in the Knowledge Economy* (San Francisco: Jossey-Bass, 2012): 184.
4. Francesco Gino and Bradley Staats, "Why Organizations Don't Learn," *Harvard Business Review* 93, no.11(2015): 111-118.

5. Darrell Rigby et al., "Embracing Agile," *Harvard Business Review* 94, no.5 (May 2016):40-50.
6. Elizabeth Merritt, "Failing toward Success: The Ascendance of Agile Design," *Museum* 96, no.2 (2017):49-52.
7. "Making the Workplace We Want: 4 Lessons from the Getty," March 13, 2017, https://designthinkingformuseums.net/2017/03/13/making-the-workplace-we-want-getty/.
8. Jeanne Liedtka, Andrew King, and Kevin Bennett, *Solving Problems with Design Thinking* (New York: Columbia Business School Publishing, 2013).
9. Dana Miltroff Silvers, "Lean and Smart Human-Centered Design: Three Lessons from the Grand Rapids Art Museum," December 22, 2014, https://designthinkingformuseums.net/2014/12/22/grand-rapids-art-museum/.
10. David Perlman, "New Exploratorium Boss from IDEO Design Firm," *San Francisco Chronicle*, May 12, 2016, http://www.sfgate.com/bayarea/article/New-Exploratorium-boss-from-IDEO-design-firm-7463076.php.
11. Ethan Bernstein, John Bunch, Niko Canner, and Michael Lee, "Beyond the Holacracy Hype," *Harvard Business Review* 94, nos. 7-8(2016):39-49.
12. Marty Zwilling, "Build on Demand Teams Instead of Hiring Employees," *Huffington Post*, October 26,2016, http://www.huffingtonpost.com/marty-zwilling/build-on-demand-teams-ins_b_12651756.html.

13. David A. Garvin, "How Google Sold Its Engineers on Management," *Harvard Business Review*, December 2013, https://hbr.org/2013/12/how-google-sold-its-engineers-on-management.
14. Lecture delivered by Myriam Proulx, business transformation specialist at the Canadian Museum of History, "Changing a National Museum Now for a Sustainable Future," March 3, 2016, George Washington University Museum Studies program class, *Leading Change in Museums*.
15. Robert Janes, *Museums in a Troubled World* (London: Routledge, 2009):69.
16. See www.wegmans.com.
17. Michael E. Porter and Mark R. Kramer, "Creating Shared Value," *Harvard Business Review* 89, nos.1-2(2011): 62-77.
18. Lorraine Mirabella, "Maryland 'B' Corp. Formed to Help Site Search for proposed Gay Heritage Museum," *Baltimore Sun*, December 7,2012, http://www.baltimoresun.com/business/bs-bz-gay-museum-bcorp-20121207-story.html.
19. Lecture delivered by Deborah Cullinan, CEO of Yerba Buena Center for the Arts, https://www.museumnext.com/insight/culturebank-new-investment-paradigm-art-culture/?utm_content=bufferf1dfe&utm_medium=social&utm_source=twitter.com&utm_campaign=buffer.
20. Nina siegal, "Van Gogh Museum Wants to Share Its

Expertise, for a Price," *New York Times*, May 4, 2016, https://www. nytimes. com/2016/05/04/arts/design/van-gogh-museum-wants-to-share-its-expertise-for-a-price.html.

21. Jonathan O'Connell, "Apple Offers First Peek at Plans to Convert D. C. 's Carnegie Library into a New Store," *Washington Post*, May 8, 2017, https:// www.washingtonpost. com/news/digger/wp/2017/05/08/apple-offers-first-peek-at-plans-to-convert-d-c-s-carnegie-library-into-new-store/? utm _ term =.2b73864de8e7.

22. Martha Morris, "A More Perfect Union: Museums Merge, Grow Stronger," *Museum* 91, no. 4(2012):44 – 49.

23. Jon Bleiweis, "UMBC and Walters Art Museum Partner to Foster Education, Programs," *Baltimore Sun*, April 12, 2017, http://www. baltimoresun. com/news/maryland/baltimore-county/catonsville/ph-at-umbc-walters-0419-20170412-story. html.

24. James E. Austin and Frances Hesselbein, *Meeting the Collaboration Challenge* (San Francisco: Jossey-Bass, 2002).

25. Barry Libert et al. "How Technology Can Help Solve Societal Problems," *Knowledge at Wharton*, April 21, 2017, http://knowledge. wharton. upenn. edu/article/technology-can-help-solve-societal-problems/.

26. "Growing Bigger Staying Collaborative: 5 Tools for Building Non-Bureaucratic Organizations," December 19, 2016,

http://museumtwo.blogspot.com/2016/12/growing-bigger-staying-collaborative-5.html?platform=hootsuite.
27. Manifesto at ActiveCollections.org, http://www.activecollections.org.
28. See http://www.museumaction.org.
29. Timothy Butler, "Hiring an Entrepreneurial Leader," *Harvard Business Review* 95, no. 2(2017): 85–93.
30. Katherine Calos, "Five Years after Expansion, VMFA Impact Soars," *Richmond Times-Dispatch*, August 31, 2015, http://www.richmond.com/news/local/city-of-richmond/five-years-after-expansion-vmfa-impact-soars/article_6ff46ace-1a42-5d9f-a6cc-cf556068b5a9.html.
31. Holly Rodriguez, "Five African American Women Hold Senior Leadership Positions," *Richmond Free Press*, July 14, 2017, http://richmondfreepress.com/news/2017/jul/14/5-african-american-women-hold-senior-leadership-po/.
32. Micah Parzen, "What's Love Got to Do with It," panel presentation at the American Alliance of Museums annual meeting, May 2016; and Marsha Semmel "Museum Leadership, Organizational Readiness, and Institutional Transformation," *Museum* 96, no.2 (2017):21–26.
33. Kaywin Feldman, "Creating Your Team, A Talent Strategy for Innovation," blog post, http://www.museum-id.com/idea-detail.asp?id=520#.
34. Douglas Hegley, Meaghan Tongen, and Andrew David,

"The Agile Museum," paper presented at Museums and the Web Conference, 2016, http://mw2016.museumsandtheweb.com/paper/the-agile-museum/.

35. Amy Hollister Zarlengo, "The Great Transformation at the Strong," in *Case Studies in Cultural Entrepreneurship*, ed. Gretchen Sorin and Lynne Sessions (Lanham, MD: Rowman & Littlefield, 2015):65–87.

36. American Alliance of Museums Labs Blog, http://labs.aam-us.org/blog/workplace-culture-lets-talk-about-it/.

37. 作者与劳拉·许尔塔-米居斯的对谈,2017年6月8日。

38. Randy Kennedy, "The Most Powerful Woman in the New York Art World," *New York Times*, May 5, 2017, https://www.nytimes.com/2017/05/04/arts/design/new-museum-director-lisa-phillips.html?_r=0.

39. AASLH, "Audience Engagement Techniques from Award Winners," blog post, http://blogs.aaslh.org/creative-audience-engagement-techniques-from-award-winners/.

40. Kathryn Hill, "Knowing Justice and Peace in Times of Crisis," blog post, http://futureofmuseums.blogspot.com/2016/10/knowing-justice-and-peace-in-times-of.html?m=1.

41. Graham Bowley, "Museums Chart a Response to Political Upheaval," *New York Times*, March 13, 2017, https://www.nytimes.com/2017/03/13/arts/design/museums-politics-protest-j20-art-strike.html.

42. "Zoom In: Richard V. Piacentini," April 2017, http://

www.meetingstoday.com/Article-Details/ArticleID/30200.

43. Richard Piacentini, "Lessons Learned: Museum Building Projects," paper presented at the American Alliance of Museums Annual Meeting, May 27, 2016.

44. C. B. Bhattacharya, "How Companies Can Tap Sustainability to Motivate Staff," *Knowledge at Wharton*, September 29, 2016, http://knowledge.wharton.upenn.edu/article/how-companies-tap-sustainability-to-motivate-staff/?utm_source=kw_newsletter&utm_medium=email&utm_campaign=2016-09-29.

45. Janes, *Museums in a Troubled World*, 169.

46. Nina Simon, *The Art of Relevance* (Santa Cruz, CA: Museum 2.0, 2016): 99.

47. Linda Norris and Rainey Tisdale, "Developing a Toolkit for Emotion in Museums," *Exhibitionist* 36, no. 1 (2017): 100–108.

48. 详见波特兰艺术博物馆教育和公众项目主任迈克·穆拉夫斯基（Mike Murawski）的博客帖子, calling for more widespread adoption of empathy, https://artmuseumteaching.com/2016/07/11/the-urgency-of-empathy-social-impact-in-museums/.

49. Kelly McKinley, "What Is Our Museum's Social Impact?" July 10, 2017, https://medium.com/new-faces-new-spaces/what-is-our-museums-social-impact-62525fe88d16.

第七章　领导力的发展：下一代

博物馆未来的工作存在诸多机遇与挑战。正如第一章中讨论的，灵活劳动力的兴起和对新兴专业人士在职场中多种工作需求的不断增加，我们需要一种全新的思维模式。随着技术的发展，领导需要应对虚拟的工作环境，更复杂的是，人工智能和机器人技术正潜在地取代传统工作和改变我们的沟通机制。根据趋势预测，未来的领导需要拥有高情商、跨文化灵活度和创造性解决问题的能力。博物馆需要精通技术、能精确感知观众需求的全球化员工，在许多案例中，不管是财政头脑还是重大建筑项目经验都是必需的[1]。

随着经验丰富的一代人正逐渐离开职场，今天的领导力挑战比过去更加紧迫，特别是在艺术领域，填补空缺位置仍将是常态。艺术博物馆的馆长职位在不断变化，2015年波士顿有三个博物馆高层职位换帅——美术博物馆（Museum of Fine Arts）、哈佛艺术博物馆（Harvard Art Museums）和伊莎贝拉·斯图尔特·加德纳博物馆（Isabella Stewart Gardner Museum）。所有艺术博物馆馆长中接近三分之一的人快到退休年龄，这给理事会寻找最佳人才带来危机[2]。离开的不仅仅是馆长，还有关键岗位的员工，包括策展人、藏品登记员、教育人员和保管员。希望在于，这一转变会给年轻的和更多元化的候选人提供晋升机会。另一个需要解决的问题在于职场中的多代人。2016 年威廉和佛罗拉·休利特基金会（William and Flora Hewlett Foundation）宣布了培训跨代际员工的新的工作重点。尽管婴儿潮的一代即将离职，但一些年纪较大的员工在他们职业生涯的后半段，因经济和其他个人原因仍然不愿退休[3]。幸运的是，2017 年美国博物馆联盟在一场跨际会议上讨论了这个问题，会上大家分享看法，指出不仅要在博物馆的各个职能部门解决问题，而且要考虑到代际的多样性。该方法既考虑了经验丰富的员工的优势和深厚知识，也充分考虑了年轻员工的技能和热情[4]。

一、现在需要的技能是什么

仔细研究当今博物馆决策制定者对领导者的要求是什么，这非常重要。理事会如何描述他们高层领导者的职位技能？当然，这些技能不是一刀切，它取决于博物馆的类型和规模，同样也和它在组织生命周期中所处的位置有关。2017 年的两个招聘案例就反映了这种差异特征。其一是伊利诺伊州埃尔姆赫斯特历史博物馆（Elmhurst History Museum）的馆长，他向市长汇报而非理事会。他的职责包括收藏、展览和教育项目，同时与募资基金会和市政府合作，需要具备 4 年在计算机和募资软件方面的经验。其二是不同规模的南加利福尼亚查尔斯顿历史基金会（Historic Charleston Foundation）的总裁兼 CEO。该岗位需要合作能力、战略思维、人际交往能力、变革管理和领导力远见，以及 15 年的工作经验。埃尔姆赫斯特博物馆每年的预算不超过

50万美元，每年的参观人数为 1.5 万人次；查尔斯顿历史基金会的预算是 500 万美元，其使命在于保护和解释城市中的一些历史建筑[5]。很显然，社区大小、治理结构、设施和员工的数量规模、参观量和项目内容都是定义领导者的标准。博物馆想要重新参与社区或者联系更年轻的一代，或许要寻找一位在教育、技术或者市场和社交媒体上有卓越功绩的领导。2017 年夏天，大都会艺术博物馆宣布托马斯·坎贝尔（Thomas Campell）辞去馆长职务，由丹尼尔·韦斯（Daniel Weiss）担任馆长和 CEO，此时许多关于高管继任过程和对他们角色及责任定位的问题也随之产生。面对财政困境，博物馆需要一位具备商业技能的领导者。很明显，在一个长期依赖双向领导（艺术和行政）的组织中，当缺少明确的规划和政策时，危机就会伺机而动。尽管双向领导并不是一种新模式，可它仍会带来大量模糊性和内部的权力斗争[6]。

二、调查揭示了什么

对博物馆领导者和员工的多项调查指出了在博物馆劳动力中取得成功需要具备的技巧，研究招聘人员对初级员工的要求是一个很好的开端。一项由阿拉巴马大学博物馆（University of Alabama Museums）执行馆长威廉·波马（William Bomar）指导并于 2013 年发布的研究报告强调了博物馆领导者提到的下列理想技能：

- 沟通（口头和书面）；

- 社区参与；
- 财政管理；
- 人际关系；
- 项目管理；
- 技术。

在大多数博物馆员工所期待的专业性和项目经验中，这些技能已被多次强调，接下来的问题是如何获得这些技能。在一些情况下，它们可以通过博物馆研究项目习得，但对于大多数刚入门的员工，可能就需要自己通过培训获取[7]。2012年，作者对16家博物馆的馆长进行了调查，总结出了一些博物馆领导者取得成功需要具备的技能：

- 发展理事会；
- 变革管理；
- 筹集资金；
- 领导才能；
- 战略规划。

这些被认为成功的领导者具有远大的目标、创业者的思维、促进技能和管理大型项目的能力，同样提到的还有财政知识、团队建设、项目管理、协商谈判、市场营销和伦理道德等。一项平行调查也问及处于职业中期的博物馆员工相似的问题，159位的员工反馈揭示了如下所需技能：

- 变革管理；
- 财政头脑；
- 项目管理；
- 团队合作；
- 战略规划。

上述这些调查明确体现了对在博物馆工作环境中建立强有力领导的共同关注。在职业中期的调查中，时间管理也被认为是一项挑战，是衡量员工压力的一项重要指标。员工提出的其他想法和顾虑显示出他们的上级并未具备足够的领导能力，许多接受过培训的领导坦承他们困惑于不知道该如何在工作中实施新想法和新方法，包括如何处理同事间的埋怨[8]。在国外，英国一项对博物馆专业人士的综合性调查显示，他们对多元化、数字技术、合作、创新和财政恢复力的关注度在不断增加。此外，受访者认为他们的组织在薪酬公平、变革管理和专业发展上还有所欠缺[9]。

总而言之，这些问题都反映出对各层级领导力开展培训的深层需求，其中有些需求非常基础。博物馆领域需要制定规划以处理更复杂的问题，包括波动性、气候变化、经济不平等、岗位竞争、薪资公平和资金危机等。除了要对行业标准和最佳实践有深入理解外，寻求领导角色的博物馆员工还需要有战略思维、自我意识、合作能力和对可靠指标的理解与信任，这些都是决策的基础[10]。此外，今天要想担任博物馆高层职位，就必须重点关注财政技能、筹集资金技能和理顺理事会关系。

三、作为学习环境的博物馆

培养技能的基础是需要从岗位、从同事身上学习的，这和正规的培训恰恰相反。行为学习包括运用不同的方法解决问题和在重复的过程中获取经验，这是博物馆专业人士获得技能和自信的最佳方法。那些在员工培养上投注时间和精力的博物馆会发现，赋能是最大的动力。作者在1995年的一项调查中发现，博物馆受访者指出，领导需要关注战略规划而员工需要承担内部顾问的角色，确保以最佳的方式改善运行。他们在观众体验上有决策权，且这些决策无需再经高层领导确认[11]。

今天的博物馆会采取哪些行动来营造学习的环境氛围？这其中有许多很好的案例。肯塔基科学中心（Kentucky Science Center）的CEO乔·哈斯（Jo Haas）热衷于支持博物馆各层级领导者的培养，致力于"打造一个期待卓越、鼓励试验和允许失败的环境"。作为一个崭露头角的领导，她不断给员工提供短期项目来获取学习经验[12]，没有项目的同事则可以在她的博物馆中开发教育项目，这些团队会拿到种子基金和时间表来创建与观众的互动体验。参与其中的成员会学到其他部门关于运营的新知识，也会增加对彼此角色的尊重[13]。哈斯现在正在和她的"下一代领导团队"推行一月一次的午餐会，在轻松活泼的氛围中鼓励不同主题间的开放性对话[14]。

除了开明的领导提供的各项机会外，员工也应该自己寻找晋升道路，其中一步就是带头了解组织和做出改变。奥克兰博物馆的CEO洛里·福加尔蒂（Lori Fogarty）就是一个例子，她建议"应该寻找机会去扮演领导者的角色,不管是什么层级",并"非常相信每个组织的中层管理者当中都会有一些真正想要做出改变的人,他们通常也会把这一态度表现出来"[15]。

自我革新的重要性通常会被大家忽视。1990年彼得·德鲁克发出倡议,鼓励领导以老师的角色去服务另一个组织,尤其是"向下"服务[16]。该建议在今天仍然适用。向他人介绍你的工作可以让你反思什么是重要的,并寻找反馈。为其他组织提供的服务,可以是志愿服务或者给理事会提供观点,但始终与团队一起或许是最重要的。对于那些身处高位的领导,淡化自己的身份与组织内各层级的员工共事,可以带来意料之外的新思路。

仔细研究下一代领导者,可以看出新兴专业人士对此更多的期待。SAP公司(世界三大软件公司之一,总部位于德国)的一项研究预测,2020年50%的员工将是千禧一代,其中有91%渴望成为领导者,他们对今天领导需要的技能和风格也有着批判性看法。SAP研究中提到的品质也反映出许多新兴博物馆专业人士的思考,这些品质包括:

- 受社会影响的使命;
- 对数字化友好的环境;
- 包容透明的管理;
- 强调多元;
- 员工提升的机会;
- 工作与生活的平衡度和灵活度。

关于千禧一代在工作环境中的发展,"企业的阶梯正在消失,取代的是网格化模式,这种模式创造了横向、对角、向下以及向上移动的职业道路"。导师是这种新方法的核心[17]。网格化运用的一个案例是南森·里奇(Nathan Ritchie)在《博物馆》杂志中写的案例研究。他的职业生涯非常丰富,从高中到国家公园管理局,到旧金山的研究生院,到印第安纳州的一个小型艺术博物馆馆长,到芝加哥的初创公司,再到科罗拉多州戈尔登历史博物馆(Golden History Museum)馆长。里奇是一名受过培训的教育者,这种在相对较短的时间内从一个地方搬到另一个地方的意愿最终让他找到了梦寐以求的工作[18]。

1. 领导力的连续性

领导技能是在一个人的职业生涯中发展起来的。美国博物馆与图书馆服务协会(IMLS)与 Educopia 学院(位于美国亚特兰大,由一小群人经营,他们热衷于建立社区,联系志同道合的人,并利用集体行动推动各种机构的发展)和领导力创意中心(Center for Creative Leadership)合作开发了《领导力层次》(*Layers of Leadership*)框架,以此概括在领导力发展的不同方面需要的技能和角色。以下是描述的不同层次:

- 自我;
- 他人;
- 部门;
- 组织;
- 全领域。

每一个层次都有一套明确的任务、技能和结果。比如第二层领导他人，任务包括给员工赋能、激发创意、进行团队建设和公开演讲，而技能包括解决矛盾、敏捷学习、跨越边界和识别人才，其结果应是团队合作所产生的生产力。五个层次中每递进一层，其技能都会更复杂，也更具有影响力，框架的最终目标是为个人领导力的发展提供另一种机会。当然，并不是每一种职业都需要所有这些层次，但该文件可以作为个人职业发展的指南，正如我们在组织成长生命周期中所见，这种层次性的框架可以反映职业发展的时间线[19]。

2. 导师制和领导力发展

对许多博物馆员工来说，职场是培训基地，导师在其中发挥着非常大的影响。不管是与高层领导的正式配对还是与专业利益团队成员的联系，抑或是行业外的人员，导师都可以为自我评估过程增添无限价值。前美术博物馆馆长迈克尔·夏皮罗（Michael Shapiro）对导师制非常关注。基于他的个人经历，他采访了11位馆长，他们在与老师、同事、主管和其他人的合作中事业得到了大爆发。哈雷姆区工作室博物馆（the Studio Museum of Harlem）的馆长和总策展人希尔玛·戈尔登（Thelma Golden）指出："你为谁工作，将对你的职业以及职业如何进步起到不可估量的作用。"她的成长就是与艺术家、策展人和馆长相互作用的结果，他们激励她并指导她做到最好[20]。夏皮罗提到的这些馆长为我们提供了宝贵的见解和建议，包括需要阻止高层岗位的恶性竞争，了解包括保安在内的员工，始终对他们保持感激之情。

导师制的价值是双向的。成功的指导包括教授、同情和解决问题，其中学员的一些见解会对导师产生帮助；在学员沿着阶梯或格子向上移动时,导师可以充当他们的支持者,这强调了之前提到的跨代际学习的价值。虽然博物馆面临大量有经验的专业人士的更替,但他们也可以成为下一代领导的主要资源。考虑到老员工有能力兼职和担任行业内的导师和思想领袖,且效果是非常积极的,这一方法最近几年已在史密森学会的几个博物馆中实施。

除了导师的角色,毫无疑问管理者也必须承担起员工发展的关键作用。正式评估是一个一直存在争议的领域。虽然绩效考评的热度在不断减退,但还是有许多运用该体系强化组织学习目标的方法。接下来可能会发生的是,该过程会随着时间发生变化,不再需要每年制定发展目标和绩效考核,更多的是与员工进行频繁沟通。基于团队和敏捷方法的新模式并不过多关注过去的成就,而是检查需要做什么来完善当前不断更迭的工作目标。因此,对学习的重视比绩效考核更加重要。许多现代体系正在尝试360度全方位评估,这对团队成功来说非常关键。

采取一些企业实践或许是组织内员工学习敏捷方法的其他途径。在第六章中我们已经讨论过,企业的社会价值正在引领新实践。微软每年推出黑客马拉松,通过自选团队来解决社会问题,这些团队开发新的商业模式以解决社区关键问题。企业也会投资高风险项目,这些高风险项目关注一些可能导致失败的结果(如快速复制和设计思维),但是这一过程能够鼓励员工成为公司的思维领袖[21]。具有前瞻性思维的博物馆会考虑采取这些措施来增强员工技能和灵活度。

四、员工个人可以做些什么

成为领导也可以说是一场个人的旅程。虽然博物馆可以且应该为它们的员工提供机会,但必要的成长完全取决于个人。现代领导经常提到的特征就是自我意识。这个问题比较复杂,因为自我意识不仅仅是了解自己和自己的学习风格、目标,还包括了解别人对你作为领导的看法。研究发现,领导通常在后者中表现失败,要完成这一飞跃也需要不断努力。自我意识同样还意味着领导要学会理解他们的权力动态,一旦处于领导角色,你和同事、下属的关系就会发生变化,意识到这一点很重要。对现实保持敏感能够让你不会把自己看得太重要!自我意识要和共情紧密相连,这并不仅仅是为他人,也是为自己。事实上,能够反思个人的优势以及拥有能对个人成长作出贡献的个体和组织是员工幸福的基础。

实际上,博物馆员工想要在职场中得到晋升应该采取一系列措施。首先,个人需要了解博物馆的组织结构和战略方向。他们需要努力与理事会成员见面,邀请理事会成员和馆长了解他们在博物馆中的工作,甚至成为开发、实施和评估战略规划的一部分,这也是非常关键的。其次,接受组织的方法,有足够的勇气发声去支持组织的重要政策或决定,这能帮助个人提升在博物馆的站位和高度。最后,所有员工都需要了解预算以及在确保预算合理使用上发挥作用。温迪·布莱克维尔(Wendy Blackwell)在《博物馆生涯:管理你的博物馆职业》(*A Life in Museums: Managing Your Museum Career*)一书中坦诚地介绍了在工作中学习到的一些经验,其中包括观察企业文化、与不同代际的人合作、支持领导的目标以及完成工作的信赖感[22]。布莱克维尔谈到了她担任火车站经理的工作经历,这是一个完全不同的领域,在此基础上,她的事业扩展到博物馆教育行业并最终成为国家儿童博物馆馆长。

学着成为一个新的领导或者仅仅是一个更好的领导非常重要，这也是许多博物馆员工追寻的目标。这里有很多途径供选择：学位课程、短期课程、工作坊、导师制、内部轮岗和员工发展项目、与其他博物馆的技能交流和执行力培训等。了解领导力趋势、技能以及理事会或者其他官员对领导者的要求需要投入大量精力。除了博物馆、艺术有关的出版物外，像《哈佛商业评论》、《公司》（*Inc.*）、《快速公司》（*Fast Company*）、《福布斯》（*Forbes*）、《慈善纪事报》（*the Chronicle of Philanthropy*）、《非营利季刊》（*Nonprofit Quarterly*）和《连线》（*Wired*）都可以为领导力趋势提供有趣的见解。此外，还有那些与心理学、组织科学和人力资源管理主题相关的读物。终身学习拓展了个人的创造力，也会显著增强组织的成功概率，所以阅读一些行业外的材料是必需的。发散性思维和试验可以增加你的创造力实践。如果以 CEO 的视角看，那么猎头公司可能是第一层的沟通对象。了解这些公司的运作方式可以定位最佳候选人。猎头公司会在他们的网站上发布最佳信息。同时，向参与过该过程的人咨询也很有价值。

公司和非营利部门有大量领导力培训项目，这是它们的一项重大业务。但是他们如何测量是否达标呢？在许多案例中，这些项目并不尽如人意。虽然有很多复杂的培训项目让员工输出最佳实践，但在真正实施这些新获得的技术上还存在障碍。首当其冲的是，把这些技能带回工作中就存在风险。对大部分组织而言，根深蒂固的运行模式会抗拒任何新方法，在领导力培训工作坊收获的激动人心的想法，哪怕是一个新的学位都会与现实工作环境相冲突，导致员工通常会回到培训前的模式。解决这一问题需要组织自上而下形成新的思考方式。只有在授权变革和鼓励推行新实践的组织内，教育和培训才会取得成功。所以，从长期来看，高层管理者有责任修复失灵的体系和政策。由于与变革过程密切相关，上述方面还需多加注意[23]。

1. 博物馆领导力培训的选择

博物馆行业有许多包括高级学位在内的领导力技能培训的选择。今天，MBA 是许多人的梦想，但高昂的费用让人望而却步，任何一个背负学业贷款的人都会再三考虑是否要花费巨资在 MBA 学习上。幸运的是，还有很多工作坊、在线研讨会和其他形式的继续教育供选择，其中有一些由个体博物馆设计提供，而另一些旨在为来自不同博物馆的专业人士提供技能指导。这些选择中，大部分目标是建立未来的同事关系网，以及帮助未来的领导者在与理事会和捐赠者之类有影响力的个人打交道上增加自信。加利福尼亚克莱尔蒙特大学的盖蒂领导力学会几十年来致力于高层管理者的领导力培训，其他项目还包括哥伦比亚大学的馆长领导力中心（培训艺术博物馆的策展人担任馆长）、乔治·华盛顿大学和史密森学会的 21 世纪领导力技能研讨班，以及库普斯顿的文化产业学会。博物馆协会自身也提供了相关培训，例如美国东南部博物馆大会（Southeast Museum Conference）赞助的哲基尔岛管理学会（Jekyll Island Management Institute）和美国州与地方历史学会赞助的发展历史学领导者（Developing History Leaders）项目。每一个项目都提供有关领导力趋势的最新思考，为员工在各自博物馆内实施新想法作好准备。

自己提供培训的博物馆包括美国大都会艺术博物馆和史密森学会。后者已经在学会内建立了针对中高层管理者的帕尔默领导力项目（Palmer Leadership Program）。项目给 25 人制的队伍配备了导师，并花了一年时间进行内部轮岗、阅读、报告和团队项目合作。大英博物馆的克罗尔领导力项目（Clore Leadership）自 2004 年以来每年培训 20—30 名员工，提供工作坊和住宿课程、选修培训、职业辅导培训，并将活动延伸到博物馆外。该项目已成功吸纳了新兴博物馆专业人士，拓展了两天的课程，并向国际市场延伸和理事会发展[24]。该项目和盖蒂培训项目的范围很接近，盖蒂已经为国际化队伍、新兴专业人才和高级岗位人才开发了大量项目，形式包括在线和面对面培训，通常由商业学校的老师和博物馆在职领导授课，内容强调团队项目、自我评估和在各自博物馆中推行变革的想法。

　　并非所有的项目都关注现代商业实践。今天，我们看到一些与众不同的职业头衔，比如"首席内容总监""首席奇迹总监"，甚至"博物馆黑客分子"！除了传统的培训，还有像丹佛当代艺术博物馆（the Denver Museum of Contemporary Art）推出的一些项目，在梅隆基金会（Mellon Foundation）的支持下，博物馆围绕"在全国分享最佳实践"的使命建立了一系列创新奖学金，旨在重振博物馆活力，提升观众参观量。这其中包括一个 10 天的驻留工作坊、跟踪指导和最终的团队项目。该项目的目标是培养下一代的博物馆创意家[25]。

2. 博物馆领导力培训是否会带来影响？

　　正如上文提及的，挑战在于如何保证在培训项目中不断吸取经验。我们如何确保在工作坊或学位课程中开发的新技能最终运用于职场和个人职业发展？参与各种领导力培训项目人员的见解会提供一些帮助。美国国家历史博物馆的资深项目经理劳伦·特尔钦-卡兹（Lauren Telchin-Katz）在 2016 年参加了史密森学会的帕尔默领导力项目。她的经历具有积极作用，反映在管理上就是自信心不断增强。在一年的课程中，她的团队经常定期碰面，完成团队项目，阅读商业文献，与史密森学会的管理者互动交流。该项目提供了 360 度全方位评估，参与者可以接收来自主管、同事和直接报告的反馈。每一位参与者都会和他们的主任碰面，分配到一位搭档和资深导师。培训的内容还包括重要对话和学习预算。团队协作是重要的一部分，她的团队项目就是在各种博物馆学习展览开发流程，以完善馆内体系[26]。

  另外一位利用职业中期培训规划的人是艾莉森·蒂曼（Allison Tieman），她是美国博物馆联盟的项目认证员。蒂曼参加了在乔治·华盛顿大学的 21 世纪领导力技能研讨班，受培训的启发，她通过了宾夕法尼亚大学国家艺术战略和社会政策与实践学院支持的为期 8 个月的认证课程，继续她的专业领导力培训。这种身临其境的课程使蒂曼在商业规划、预算、逻辑思维和个人领导风格的思考中获得了源源不断的发展技能。因此现在她可以轻松读懂财政审计，在工作中更自信地发言，为重大倡议争取主动权，进而激励她寻求马里兰大学更多的线上 MBA 课程。这些培训机会的价值在于它们的灵活性让蒂曼可以根据自己的节奏成长[27]。

  正如彼得·德鲁克建议的，聪明的领导会不断寻找机会进行自我革新。在新的环境中和一群志同道合又热情专业的人士合作是振奋人心和启迪心智的,这就是 21 世纪领导力研讨会之类会议的价值所在。杰西卡·尼科尔(Jessica Nicoll)是一位经验丰富的博物馆馆长,目前正在管理史密斯学院艺术博物馆(Smith College Museum of Art),她在研讨会中回顾了她的经历。她指出:"领导力研讨班对我来说是非常及时且有价值的,它恰好落在我们战略规划过程的中间点,因为我们正在消化研究成果,开始明确重点事项。研讨班中的某个会议的结论刺激我去思考我们不断进化的愿景是否有足够的信心去推动组织展开积极的变革(不仅仅是保持现有的成绩),我把这一点牢记在心,重新投入我们的规划过程,促使自己提高站位、更有雄心。"她最终为倡议带来了重要的补助金并推动倡议落地。尼科尔还受到启发,在她的日程中制定了一个不被干扰的时间计划,以便她在实施计划时收集想法。当然,她也受到退休潮这一重大机构变革的挑战。在变革的时代与员工紧密合作是必需的,她抓住时机"在项目中指导和开发技能,特别是在管理挑战性对话方面"[28]开展工作。

显然,发展自己的领导力是一项关键战略。尽管在非营利机构和博物馆中,培训课程、学位、正式导师制项目的数量在不断增加,但最重要的是个人必须寻找自己成长的最佳机会。倾听、观察和学习都非常关键。要善于寻找导师,接受冷门或风险项目,打磨沟通技巧和衬托他人,运用好你的幽默感和谦逊品质。协作可以提高一个人的学习能力,使其走向成功。许多成功的高层领导会在会议或他们所在的社区中、在正式和非正式的讨论小组中找寻伙伴。他们从不停止学习和解决问题。

五、多样性、包容性和公平性作为一项任务

今天的博物馆需要成为解决劳动力多元化方案的一部分,而不是加剧该问题。近期研究显示,博物馆员工中,包括CEO和理事会,都严重缺乏多样性。2015年发布的调查显示,72％的博物馆员工是白人,60％为女性,这是一个根本弱点[29]。因此,博物馆行业正在加倍把精力放在突出解决这一问题上。基金会正在协助推进这一过程,一些著名的博物馆领导者也是如此,比如,阿肯色州水晶桥美国艺术博物馆(Crystal Bridges Museum of American Art)的罗德·毕格罗(Rod Bigelow)把他的头衔修改为执行馆长兼多样化和包容性总监。其他人正在效仿这一做法,制定目标来提供一个更加包容的工作环境。路易斯维尔市斯皮德艺术博物馆(Speed Art Museum)开发了一个新的理事会标准,标准囊括了像种族、年龄、性别、专业、财政知识和创意思维等内容[30]。

即便是那些已经在项目、藏品、员工配置中做出多样化努力的博物馆,仍然在劳动力多样化的专业提升方面存在障碍。着眼于当今女性在获得领导机会上面临的挑战,安妮·阿克森(Anne Ackerson)和琼·鲍尔温(Joan Baldwin)调查了行业内500多位女性的期望和经历。她们提出了一些关切,包括[31]:

- 薪资不平等和性别歧视;
- 职业晋升障碍;
- 工作与生活平衡;

- 规避风险的理事会和高层管理者；
- 缺乏自信。

伴随这份研究的是职场上性别歧视的现实。一份关于企业女性成功取得CEO岗位的研究发现，世界500强企业中只有6％的企业内有女性CEO。更深层次的障碍和思维模式在于，公众普遍认为女性可靠但缺乏竞争力和远见。通常那些工作果断的女性会遭到来自男性和女性同事的情绪抵制，当博物馆大部分员工为女性时，这显然是一个问题[32]。

但是如果博物馆要想生存和繁荣，多样化和包容性的问题必须解决，千禧一代已经把它谨记于心，博物馆协会也和许多博物馆一样将其作为关键战略推进。就像藏品保护、社区参与和健全管理已得到行业支持那样，新一代正在关注公平性问题的解决。具有前瞻性思维的博物馆正在馆内各层级推行多样化的政策和实践，并有意识地去努力推动战略规划，为实习生、研究员和长期员工打造多样化的候选人才库。比如，博物馆正在关注高中志愿者项目、由青少年领导的工作坊和研学，以及与工作人员的幕后合作。美国博物馆联盟雇用了多元、包容的官员，其他博物馆也通过文化能力培训以解决工作障碍。儿童博物馆协会的执行馆长劳拉·许尔塔-米居斯在乔治·华盛顿大学的一次报告中强调，正因为传统的领导职位晋升制更偏向于那些拥有高级学位（如策展人）的个人，博物馆内的障碍便一直存在。由于行业内管理职位有限，更替率又低，机会也就相应地较为缺乏。许尔塔-米居斯指出，从最近的劳动力调查中看，位居行政岗位（活动、市场、财政或人事）的员工在种族、伦理道德和性别上更具多样性，一线员工因临时或兼职的工作性质不占太大优势并且得不到晋升的机会[33]。

考虑到行业内这些问题的重要性，乔治·华盛顿大学的博物馆研究项目在2017年以多元包容为主题举办了一场大会，大学教育工作者、博物馆专业人士、基金赞助者、美国博物馆联盟员工和有色族群学生参加了此次大会。会上提出了许多卓越的看法，包括建立当地社区和公共学校的联系，为博物馆员工提供文化能力培训，加强对员工发展的重视并把它加入美国博物馆联盟的认证要求中。构建一个充满活跃分子的社区是一种前进的方式。导师制和财政激励都很有必要，它们为实习生获取报酬和专业培训提供保障。今天的学生并不认为博物馆的工作具有回报价值，他们也没把自己看成在博物馆工作，薪资不高一直是一个障碍。在工作中，沟通和财政理解力也是必需的。

当今博物馆的领导者正在推进这一事业。圣何塞儿童发现博物馆（Children's Discovery Museum of San Jose）的执行馆长玛丽莉·詹宁斯（Marilee Jennings）就是一个具有前瞻性思维的典型。她提出倡议，要发展更多样化的劳动力，包括提供更具竞争力的薪资，任命内部导师和聘用战略性人员以反映所在社区的人口特征等。该多样化倡议的动力来源于博物馆参观人数的下降。仔细研究这一下降趋势，詹宁斯发现，需要吸引社区内更多样化的成员，特别是拉丁美洲人口。寻求社区领导的投入是第一步，特别是媒体领导人。拉丁美洲人口的增长速度是当地其他族群的5倍，并且他们在该地区有200多年的历史。詹宁斯了解到他们传递给社区的信息并不十分受欢迎，所以接下来的步骤就是增加双语出版物，开办墨西哥城展览，并在圣诞假日期间举办传统的"三王节(Dia de los Tres Reyes Magos festival)"。

除了这种新型规划，他们还通过参与高中和大专工作招聘会，在西班牙语的出版物上宣传职位信息，来关注"面向观众的员工"的多样性。他们发现，年轻一代被博物馆的岗位吸引的原因在于他们喜欢与儿童一起工作。一次战略性招聘的目标是墨西哥社区的一名基层主管，詹宁斯成功地招募到一位年轻的拉丁美洲人到他们的第一批岗位中。詹宁斯指出，包括社交媒体在内，媒体是宣传的关键因素。为新员工做好职业发展规划是下一项挑战。随着博物馆中级职位的开放，詹宁斯确信内部有色族群候选人也可以填补该岗位。她也同样通过旨在培训员工的线上工作坊项目为员工培养更多技能[34]。

2017年，纽约市政府宣布将为他们的艺术家和文化机构提供资金，以帮助他们一同致力于增强劳动力的包容性。这一新的政策带来了希望，但也代表着一种转变——不再仅仅根据使命或所服务的社区成员数量来提供资助。相反，纽约市政府现在正在寻求在劳动力多样化方面取得进展，以此作为获得资金的基础[35]。

我们如何确保合理的内部结构来支持一个更加多元的员工队伍呢？很多组织由于内部阻力和偏见而进展缓慢。研究表明，要求强制进行多元化培训的企业在改变劳动力组成上并未获得成功。这是因为强制的培训和申诉体系通常会强调案例的法律性和其他处罚，管理者经常会感到愤怒和抵触。研究继续讨论了组织为解决该问题采取的积极措施。它们包括自愿培训，在公司跨部门培训，在招聘会上招募女性和少数族裔，给多元化的员工分配导师，成立特别小组来处理"社会责任"等问题。这些项目成功的背后是职场多样化团队联系的不断增强[36]。事实上,无意识的性别偏见在所有组织内都真实存在,但是在招聘经理眼中,多样化应该被视为一种力量。在21世纪的组织内,我们知道想法和观点的多样化会给使命的达成带来更具活力和更切实的看法。在招募中寻找和自己类似的人员(具备必要的人文科学学位和博物馆培训)并不罕见,但出于多样化我们还是需要透过现象看本质。为关键岗位招募社区组织者、市场和社交媒体专家或者实践艺术家都可以为手头的任务带来新的人才和视角。除此以外,还可以选择聘用专门研究多样化的猎头公司甚或是非营利组织的顾问,比如雷斯·福沃德(Race Forward)与纽约市的一些艺术组织就一同为员工多元化战略开展过合作[37]。

  关注薪资是另一个因素。为回应"博物馆工作者之声(Museum Workers Speak)"提出的关切,带薪实习必须成为常规做法。需要优先解决所有员工的公平报酬。与平等权利和公正待遇密切相关的是生存工资这一现实。2017年,艺术博物馆馆长协会(Association of Art Museum Directors,AAMD)的薪资调查证实了艺术博物馆行业高层人员的工资远比普通人要高。分析显示,馆长、运营总监和技术人员的工资水平有所提升。但与此同时,性别差距仍然是一个问题,女性博物馆馆长比男性同行赚得少。高级博物馆员工的平均工资在6位数范围内,而较低级别的员工平均在5万美元左右[38]。即便在努力为员工提高薪资待遇的博物馆,矛盾依然存在。在英国,一项国家生存工资的指令提高了博物馆员工的薪水,博物馆不得不紧缩预算,使用志愿者或合同工,并增加门票费用。这种低薪酬的困境一直被描述为"人们为做自己热爱的工作所付出的代价"[39]。并且随着工资下降，已经没多少有色族群员工会被行业吸引。情况已经严重到在英国和美国，工会正式介入以捍卫员工利益。这种类型的行为很有可能在未来成为博物馆员工的重要选择，特别是在第六章中提到，在社会变革平台的建立中，团结协作和群众支持是一股强大的力量。事实是，千禧一代已作好了充足的接手准备，强调合同雇用和无报酬实习是潜在的不平等做法。"博物馆工作者之声"及其未来的更迭需要采取这种方式。博物馆通过合同节省资金，但这些人没有任何福利和权利。

回顾培养领导者面临的机遇和挑战，显然，在道德上我们的员工值得获取更多支持和机会。比较稳定的方法包括：专业人士组成联盟促成积极变革，各家博物馆领导和理事会成员为他们的员工建立最佳实践的模型，员工自身担负起自我发展和平等待遇的责任。

问题讨论

1. 您认为在下一个10年，什么样的技能可以在博物馆可持续性上发挥作用？

2. 您的博物馆有员工发展或导师制项目吗？您是如何参加的？

3. 博物馆馆长应该开展业务培训来提升效率吗？

4. 如何在您的专业工作中激活多样性和包容性？

注释

1. Karie Willyerd and Barbara Mistick, *Stretch: How to*

    Future-Proof Your-self for Tomorrow's Workplace (Hoboken, NJ: John Wiley, 2016):187 – 203.
2. "Onward and Upward," *Economist*, May 9, 2015, https://www.economist.com/news/books-and-arts/21650523-more-third-american-art-museum-directors-are-retirement-age-those-charge.
3. John E. McGirk, "What Do Arts Leaders Really Need," blog post, March 10, 2016, http://www.hewlett.org/what-do-arts-leaders-really-need/.
4. Marsha L. Semmel, Elizabeth Isele, Samuel Moore, and Greg Stevens, "Generational Inclusion: Shattering Stereotypes and Challenging Assumptions,"*Informal Learning Review* (ILR) no. 144 (May/June 2017). A copyrighted publication of Informal Learning Experiences, Inc.
5. Information from job announcements posted on the AASLH jobseeker website on July 18, 2017, http://careerwebsite.com/jobseeker/search/results/?str=1&site_id=22344&max=25&sort=start_&vnet=0&long=1.
6. Robin Pogrebin, "Met Museum Changes Leadership Structure," *New York Times*, June 13, 2017, https://www.nytimes.com/2017/06/13/arts/design/met-museum-changes-leadership-structure.html.
7. William F. Bomar, "Skills Most Valued for Entry-Level Professional Museum Positions," *AASLH Technical Leaflet 261*, 2013.

8. 该发现为作者在为乔治·华盛顿大学职业中期研讨会上准备的调查结果,该调查由作者在2012年实施,分为线上和线下两部分,主要就领导力技能培训对博物馆领导者和员工进行了调查。21世纪领导力技能工作坊由史密森学会和乔治·华盛顿大学博物馆研究所合作,2014—2016年在乔治·华盛顿大学举办。2017年4月,对33位具有博物馆研究硕士学位的新兴专业人士的调查结果证实了在职场取得成功的关键要素是一致的。

9. BOP consulting, "Character Matters: Attitudes, Behaviours and Skills in the UK Museum Workforce," September 2016, http://www.artscouncil.org.uk/sites/default/files/download-file/ACE_Museums_Workforce_ABS_BOP_Final_Report.pdf.

10. Marsha L. Semmel, "Six Skills for Leaders at All Levels," *Museum* (May/June 2015): 65–66.

11. Martha Morris, "1995 Survey of Strategic Planning, Organizational Change and Quality Management," informal benchmarking study of twenty-nine US museums for the Smithsonian Institution, National Museum of American History.

12. Jo Haas, "You're One: Identifying and Developing New Leaders," *Hand to Hand* 29, no.3(2015): 13–14.

13. Joel Stinnett, "How the Kentucky Science Center Is Pushing Creative Development," *Louisville Business Journal*, June 9, 2017, https://www.bizjournals.com/louisville/news/2017/06/09/how-the-kentucky-science-center-is-pushing.html.

14. 乔·哈斯与作者的邮件沟通,2017年6月21日。
15. Alex Randall,"Executive Director Roadmap: Insights into OCMA's Lori Fogarty," blog post,http://www.emergingsf.org/heart-lori-fogarty-executive-director-oakland-museum/.
16. Peter F. Drucker, *Managing the Nonprofit Organization* (New York: HarperCollins, 1990):201.
17. Frank Sofia,"Millennial Leaders Are Here: What Will Change and How to Manage It," *Forbes*, March 15,2017,https://www.forbes.com/sites/sap/2017/03/15/millennial-leaders-are-here-what-will-change-and-how-to-manage-it/#7c3b67ed4399.
18. Nathan Ritchie,"Career Path: Educator-Turned Director," *Museum* 96,no.1(2017):17.
19. Nexus LAB是一个由Educopia学院主导的项目,旨在为那些为博物馆、档案馆和图书馆员工提供领导力发展和培训机会的人们建立社区和资源。——译者注。Nexus LAB,"Layers of Leadership acros Libraries, Archives and Museums," https://educopia.org/deliverables/nexus-lab-layers-leadership-across-libraries-archives-and-museums-september-2016-draft.
20. Michael E. Shapiro, *Eleven Museum Directors* (Atlanta: High Museum of Art, 2015):56.
21. Carol Dweck and Kathleen Hogan,"How Microsoft Uses a Growth Mindset to Develop Leaders," *Harvard Business Review*, October 5, 2016, https://hbr.org/2016/10/how-microsoft-uses-a-growth-mindset-to-develop-leaders.

22. Wendy C. Blackwell, "Career Path: Transferable Skills," in *A Life in Museums: Managing Your Museum Career*, ed. Greg Stevens and Wendy Luke (Washington, DC: American Association of Museums, 2012):130-132.
23. Michael Beer, Magnus Finnstrom, and Derek Schrader, "Why Leadership Training Fails—and What to Do about It," *Harvard Business Review* 94, no.10 (2016):50-57.
24. See Getty Leadership Institute, http://gli.cgu.edu and Clore Leadership program, http://www.cloreleadership.org.
25. John Wenzel, "MCA Denver Wins $400,000 Grant for National Leadership Program," *Denver Post*, February 3, 2017, http://www.denverpost.com/2017/02/03/mca-denver-grant-museums-programs/.
26. 作者与劳伦·特尔钦-卡兹的对话,2017年4月4日。
27. 作者与艾莉森·蒂曼的对话,2017年3月10日。
28. 作者与杰西卡·尼科尔的邮件交流,2017年4月19日。
29. AAMD demographic survey 2015, https://mellon.org/programs/arts-and-cultural-heritage/art-history-conservation-museums/demographic-survey/.
30. Hillary M. Sheets, "Pressure Mounts for US Museums to Increase Diversity at the Top," *Art Newspaper*, August 3, 2017, http://theartnewspaper.com/news/museums/pressure-mounts-for-us-museums-to-increase-diversity-at-the-top.
31. Joan R. Baldwin and Anne W. Ackerson, *Women in the Museum: Lessons from the Workplace* (New York: Routledge, 2017):

56 – 59.

32. Susan Chira, "Why Women Aren't C. E. O. s, According to Women Who Almost Were," *New York Times*, July 23, 201, https://www. nytimes. com/2017/07/21/sunday-review/women-ceos-glass-ceiling.html.

33. 劳拉·许尔塔-米居斯在乔治·华盛顿大学博物馆研究研讨会上的报告,2017 年 4 月 27 日。

34. LA County Museum of Art, Press Release, November 29, 2016, at http://www. lacma. org/sites/default/files/2016-Mellon-Undergraduate-Curatorial-Fellowship-press-release-11. 29. 16_0. pdf.

35. Robin Pogrebin, "De Blasio, with 'Cultural Plan,' Proposes Linking Money to Diversity," *New York Times*, July 20, 2017, https://mobile. nytimes. com/2017/07/19/arts/design/new-york-cultural-plan-museums. html? emc = edit_ th_20170720&nl=todaysheadlines&nlid=32038473&referer.

36. Frank Dobbin and Alexandra Kalev, "Why Diversity Programs Fail," *Harvard Business Review* 94, no. 7 (2016):52 – 60.

37. Brian Boucher, "From Interns to the Boardroom New York's Museums Need to Diversify," Artnet.com, July 31, 2017, https://news. artnet. com/art-world/board-room-new-york-museums-diversity-1034267#.WX_QU1yPW5M.

38. Isaac Kaplan, "Gender Gap Wider at Wealthier Museums, New Study Finds," *Artsy* March 23, 2017, https://www.

artsy. net/article/artsy-editorial-gender-gap-wider-wealthier-museums-new-study-finds.
39. Geraldine Kendall, "Museums and Their Staff Are Paying the Price of Low Wages," *Museums Journal*, Museums Association 116, no. 6 (2016): 12 – 13, https://www.museumsassociation. org/museums-journal/news-analysis/01062016-museums-and-their-staff-are-paying-the-price-of-low-wages.

第八章 行动中的领导力：案例研究

本书已经通过关注组织和个人的最佳实践、推行变革的过程、实施创新的方法以及如何为下一代做好准备，深入探讨了当今博物馆领导力面临的各项挑战。本书也强调了行业内各类领导所作的突出贡献及产生的深远影响。在本章中，读者会看到更多有关领导力的具体研究案例。您将在本章中看到全美乃至全球许多有创意的领导者，他们中很多人参与了转型变革工作，并通过专业会议、博客网站、教学指导和出版物等形式分享了他们的故事。本章将介绍几位具有深远影响的领导者，以他们的视角概括当今发生的事件。由于领导力出现在组织内各个层级，因此这些案例研究既包括执行馆长，也包括那些较低层级领导所作的贡献，其中一部分研究则关注领导者在他们不同职业阶段的不同特征。他们每个人都参与到组织变革过程中，也在社区发挥了影响。在有些案例中，变革是持续进行的，有些则记录了一些历史性的重大成就。与其说这些领导者的风格非常容易辨识，倒不如说他们每个人都具有适应能力、同理心、务实性和自我意识。本章案例选取了不同类型和规模的博物馆，包括历史遗迹和其他历史类、艺术类、儿童类、大学类、专题类和多学科博物馆。令我感到开心的是，许多人愿意坦诚地回答他们工作上的关键问题，讲述他们的个人领导经历和他们认为在博物馆行业取得成功的最关键因素。无论如何，这些以价值观为基础的案例都非常值得一提。以下为本章精选的几个组织案例：

- 林肯总统故居（President Lincoln's Cottage）；
- 辛辛那提博物馆中心（Cincinnati Museum Center）；
- 参议员约翰·海因茨历史中心（Senator John Heinz History Center）；
- 卡岑艺术中心美利坚大学博物馆（American University Museum at the Katzen Arts Center）；
- 爱德温彻儿童博物馆（EdVenture Children's Museum）；
- 乐器博物馆（Musical Instrument Museum）；
- 奥尔布赖特·诺克斯艺术馆（Albright-Knox Art Gallery）；
- 弗吉尼亚历史学会（Virginia Historical Society）；
- 史密森学会。

华盛顿特区的林肯总统故居在艾琳·卡尔森·马斯特（Erin Carlson Mast）的领导下建立了一些开创性的公共项目，以支持社会正义问题。他们建立了新的501(c)(3)组织（该组织是指符合联邦税法条款第501条(c)3规定的非营利组织，包括信托、非法人团体或其他类型），并获得了"能源与环境设计先锋奖（LEED）"。作为独特的国家地标建筑和历史遗迹，故居在其影响力上已获得高度认可。下面是马斯特口述的故居历史。

一、林肯总统故居

艾琳·卡尔森·马斯特,CEO 和执行馆长

2008 年,林肯总统故居和毗邻的罗伯特·H. 史密斯访客教育中心(Robert H. Smith Visitor Education Centre)首次向公众开放,向美国观众展示了亚伯拉罕·林肯从未对外公开的总统生涯和家庭生活。恢宏的开幕式由国家历史保护信托基金会赞助,这是一个私人的非营利组织,正是得益于它斥资 1 500 万美元修复大楼建筑和周围景观,故居才得以成功对外开放。自 2016 年 1 月 1 日以来,该场地一直由"士兵之家(Soldiers' Home)"的林肯总统故居管理和运营,"士兵之家"是一个由馆长理事会管理的 501(c)(3) 公共慈善机构。林肯总统故居被授予"国家历史文物"(2000 年)、"国家历史地标"(1974 年)和"国家历史保护基金会遗址"称号,但一直未获得来自联邦政府的运营支持。

1. 社区参与项目

作为华盛顿特区居民区内享有全球知名度的"国家历史文物",我们的遗址服务于当地、国家和国际性观众。林肯总统故居所在的社区自 2001 年推出资金项目以来,人口经历了巨大变动,我们的邻居越来越年轻,越来越富裕和多元化。我们强调与社区合作,寻找超越个人体验外的联系,并从中汲取力量。

林肯总统的一些理念为我们试图通过项目促进多元观众的参与提供了理想的基础。我们的团队接受过培训,可以更好地促进

持相反政治观点游客间的对话，这些游客来自不同的文化环境，也代表了不同的年龄段和知识水平。林肯在与华盛顿特区民众的交流中塑造了其观点和决定，正是这些决定对国际乃至全球都产生了超越时间的影响。他的领导力故事有助于我们解决当下人道主义的关切，其中有很多我们可以借鉴的历史和地区案例。通过了解观众的需求和关切，关注自身能力和目标，我们能更好地摆正自己的位置，在忠于自己的使命中服务不断变化的观众。

2. 战略伙伴关系

故居所在地拥有各种非营利机构，作为其中的一个小型组织，我们很高兴有机会培养目标一致的伙伴与合作关系。我们与其他博物馆、教育机构和非营利组织的关系包含了从正在拓展的、持续发展的伙伴关系到一次性市场营销合作的全范围。比如，我们与反对人口贩卖的非政府组织北极星（Polaris）拥有相同的文化理念，都关注奴隶制的历史脉络。我们从最初的一次性合作发展为成熟的伙伴关系，从中还通过会议、导览、演讲、展览和其他形式，不断吸纳新成员。组织间的联系不断增强，并最终在没有任何冲突和担忧的情况下，建立了理事会和赞助者共享机制。

一个更加传统的博物馆合作伙伴关系是华盛顿内战主题博物馆联盟（Civil War Washington Museum Consortium），包括林肯总统故居、福特剧场学会（Ford's Theatre Society）、弗雷德里克·道格拉斯故居（Frederick Douglass House）和都铎广场（Tudor Place）。联盟每年夏天举办为期两周的教师工作坊。虽然我们的组织在预算、员工、规模和位置上各不相同，但是我们相互补充，不依赖资产负债表来定义各自对工作付出的努力与贡献。该系统产生了积极效果，反馈证明，把四个组织作为一个团队，老师们与其互动获得了指数级经验。这种成功的伙伴关系反映出组织内部拥有契合的文化，能够淡化自我意识，尊重每个团队的成果并最终促进了使命的达成。

3. 项目和历史性设施

我们的理念是尊重该地区的真实性，接受历史带给我们社区的力量和背景。这包括诚实地对待我们做的事情和未知的事物，根据不同的年龄段与每位观众分享那些复杂不安的故事。我们的使命从成为一个创意博物馆进化为一个生产勇敢想法的家园。每年我们都会欢迎和邀请个人与组织参与，比如创意教学中心（the Center for Inspired Teaching）和美国移民委员会（American Immigration Council），他们在完成林肯未竟之事，告诉我们这里可以给他们提供转型思考的创意和空间。我们开始逐渐接受成为"世俗的朝圣地"这一角色——这是对过去和现在的一个巨大改变。很多在2016年总统选举时期推出的项目很好地证实了这一点，比如联合项目（UNITY）和11月9日"反思之夜"。

2010年"重要的时期就是现在（The Period of Significance Is Now）"这句话作为保存公共历史的宣言获得了大量支持，这句话囊括了我们的组织和其他人一直以来的工作内容。如果你相信过去会直接影响我们的现在和未来，那么只关注静态的"意义时期"却把自己和过去孤立是远远不够的。我们挑战自我，深思熟虑地把使命灌输于整个运营过程，而不是仅仅停留在解释规划层面，这一方面每年都在取得进步。从我们的人力资源实践到博物馆商店物品采购，再到与承包商达成协议，我们想方设法确保自己为自由而战，并通过业务支持他人在这方面的努力。比如，我们基于更准确的历史材料，推出了一项"无奴役覆盖"运动，尽管它可能会带来一些潜在问题。这听上去很普通，但是在一个奖励真实性的领域，该做法实际上有意识地背离了在保存决策上的一些标准条例。从宏观角度来看，它完美地契合了使命。作为组织，这是一个更真实地对待我们身份的决定。

我们关注最佳实践和趋势，但如果它们不适应我们的工作和运营，我们也不会一味地盲目追求，毕竟，灵活和创新也是最佳实践。

4. 快速复制

在许多方面，我们一开始就采用了快速复制的方法。资产恢复项目用大量研究和复制来建立一个新的保存和诠释模式。这些结果都强调了适应性体系和方法的必要性。虽然我们计划在可能的情况下设计多功能空间和系统，但显然最具适应性的资源就是我们的团队。通过健全的培训和专业化发展，我们可以让员工在出现情况时高效、周到、创造性地应对，并从结果中学习。

有两个例子可以证实它在实践中是如何运作的。第一个例子解决了保存方面的挑战。资深保护专家杰弗里·拉里（Jeffery Larry）发现，例行的周期性维护并没有让故居的走廊台阶得到良好的修缮，这使我们在下一年更大规模的投资中增加了该方面的预算。与此同时，他在不同的台阶上测验了不同的技术手段和产品。对游客来说，这在本质上并没有什么不同。但无论失败还是成功，这项短期方法让我们在进行更大规模的投资之前，跟踪每一项技术及其运用，进行数据对比，在行业内分享了结果。

另一个案例是我们的旅游平台。观众经常问，自我们2008年开放以来，运行时间最久、服务观众最多的导览项目是否有发生变化？答案是肯定的，也是否定的。导览的核心还是基于该地区力量上的一场对话，焦点仍是观点和创意艺术，但是其他所有一切已经在时间的推移中被定期进行了修改以回应内外部变革，或者通过快速复制来预测变革。核心导览是为灵活性而建，使我们能够体验衍生导览、不同长短的游览、多感官体验、新媒体、不同团队规模、夜间旅游和更多相对轻松的形式。当变革不再发挥作用，我们要么用不同的条件重新检测，要么继续下一个调整。当其中一些开始运作，我们尽可能地去测量。所以，游客体验和运作的确在不断发生改变，且这种变化只有您不经常来才能察觉到。快速复制不应与分类混淆，但快速复制同样也是我们分析不可预见的问题的方法。虽然这个理念和理念的实施应该是您在短期内执行的，但如果时机不对，理念和实施之间也会存在分歧。

5. 多样性挑战

考虑到历史上林肯在其故居取得的成就，多样性在一开始就成为我们组织的重要议题。作为华盛顿特区内的国家历史遗迹，我们注重并且留意在营造包容的环境中所用的方法，目前已经实现的一个目标是不断努力成为一个多样化的组织。我们的伙伴给我们提供了意见，并帮助宣传理事会和员工职位空缺的信息，让我们感到不是在孤军奋战。从典型的人力资源标准看，我们在一段时间内比其他同行享受到了更大的多样性。城市本身的多样性自然会有所帮助，但我们恪守真相和支持员工的工作文化也帮助我们吸引和保留了多样化人才。作为林肯故居遗址，我们为我们的政治和地理多样性感到自豪，这也在年复一年中证实了其中的价值和关键所在。受各种因素影响，多样的视角成为我们工作最重要的部分。

员工的多样性也给自身带来了挑战。虽然行业内有大量关于员工培训以服务多样化观众的案例，但有关培训多元化的员工以应对来自观众、捐赠者和其他利益攸关者各种形形色色的种族主义、年龄歧视和性别歧视评论这样的信息非常缺乏。我们已经提供了有利于促进解决微攻击和消除有意识或无意识偏见的培训，也举办了公开论坛来讨论当前事件以及政治会如何影响与所有利益攸关者间的关系。这样的培训为我们的团队提供了支持，促进了我们与所有观众的互动交流。

6. 成立团队

作为曾两次创业的小型博物馆——第一次是2008年我们对公众开放，第二次是推出我们自己的非营利组织——我们意识到自己是如何从预期风险中迅速调整、保持团队稳定性和高度开放的工作中受益的。

我们整个项目框架都围绕对话设计，而对话可以促进彼此的关联和信任，采用这种方法也就不足为奇了。旧的组织沟通模式有大量元素，包括我们从未实行的员工演讲。我们是一个非常小的博物馆，全职和兼职员工数量加起来也不足20人，一周开放7天且日程安排不会完全重叠，这就需要高效、开放的交流渠道。

我们在不断地尝试除邮件以外的各种内部沟通平台，也建立了一个基本的结构，允许公开和保密的谈话与反馈。举个例子，我受理事会任命领导我们的团队。我认真地把自己的职责视为教练和导师,创建一个学习的环境让团队在准备和新挑战中成长。一周一次的员工会议保持简单高效的风格,一般 30 分钟,重点关注团队共同面临的挑战或项目。我们也实行了不同的反馈模式,包括"留下访谈",明确为什么要员工留下来、还有哪些可以提升的地方。

目前整个团队的自信心和知识构建取得了显著成效。比如我们的一线员工——最终故事的叙述者——经常与潜在的捐赠者、当选的官员、老师和媒体成员进行交流,取得了较好的效果。我们的项目总监嘉利·霍金斯(Callie Hawkins)确保他们在工作中获得充分且优质的培训。其他地方的同事说,在导览中与潜在捐赠者或新闻人士交谈还是会感到胆怯,但他们也无一例外地表达了对培训项目及其不足的关切。我们如何期待我们的团队成为良好的大使,以及在他们还没准备好的情况下对使命保持热情?相比严格限制与高层领导或理事会的交流,向适当层级员工赋能,我们这个小组织能够更个性化并更有效地吸引更多观众。

7. 非营利组织就业挑战

作为《解放宣言》的摇篮,公平的劳动力是我们工作的支柱,这也只是我们在日常运行中定期给所有在这里工作的个人支付报酬而非依赖志愿者的原因之一。从我们自身来说,给一线教育员工支付薪酬并不是一项小的投入,但确实非常值得。

作为一个更大组织的分支,理事会要求我们确保员工在薪资和福利上,即便比不上新组织,起码也要保持一致。这是一项非常困难的任务,因为我们从 100 多人转变成了一个正式员工不到

20 人的组织，但通过与猎头的密切合作，我们完成了此项任务。我们开展调查和员工讨论，了解团队当下最关键的事项，调查我们需要什么样的福利对未来员工来说才是最有竞争力的，以及反复讨论寻找正确的利益组合和提供最优价值的供应商。我们拥有一个非常好的起点，并为拥有一本先进的手册和具有竞争力的薪水和福利待遇感到自豪，这在我们这样规模的非营利部门中是很少见的。但是，如果我们没有财政规划给团队成员稳定感，所有这些都没有意义。我们有必要为绩效和奖金的提升做预算，我们给所有努力付出的员工支付薪酬，包括我们的实习生，来提升那些拥有重要在职经验员工的多样性。我们的价值在于证明我们重视那些有才之士，他们的才能可以为他们在营利组织获得更高的收入，但是他们仍然愿意投身于我们提供的环境和价值中。

8. 战略规划

多年来，我们每五年执行一次重大战略规划流程，为组织滚动制定三年规划，为不同员工分配特定的策略和目标。组织独立后的第一个战略规划于 2017 年通过，在接下来的一年，我们的工作获得了国家奖项和认可。因此，该计划更多地关注如何通过项目实现卓越而非检验项目本身也就一点都不奇怪了。我们在对成功的评估中取得了令人激动的成就。衡量标准就成了一个备受关注的领域，追踪定量指标比定性指标更加容易，但是后者对我们的意义更加重大。举例来说，很多遗址非常关心每年的游客参观量，这是一个非常普遍的指标，当然也很重要，但是它并没有揭示游客的参与度和因此产生的影响度。

我们打算创建一种变革性的体验，但我们并没有过分看重其中的一些指标——会员制、图书销售、第三方评估网站。几周、几个月甚至几年后，游客们会独立与我们联系，告诉我们他们在林肯总统故居的体验，以及这种体验如何在他们身上或通过某种方式改变了他们。我们不确定这是否有统计意义，还是仅仅是逸闻趣事。为了找到答案，霍金斯于 2014 年联系了建筑神经科学院。我们与学院的一位成员合作开发了新的工具，以帮助我们理解游客影响的深度。研究的最初阶段是为期 1 年的现象学研究，于 2016 年推出。在理想情况下，接下来还有一个更加深入的神经科学研究。

9. 设施和使命

我们的使命反映在我们的设施上。我们拥有一个真实的历史空间，它具备某种力量，人们可以在林肯故居受到启发，通过不同的方式和不同层面继承他未竟的事业。我们的责任在于如何运用我们的空间来反映我们的使命。我们选择那些可以利用空间进行严肃对谈的项目，比如我们和非营利机构合作以应对人道主义危机，还有一些轻松但信息丰富的事件，如我们的故居对话项目或双面喜剧系列。我们同时也确保成为有责任感的管理员，这意味着我们要在保护、绿色实践和企业承诺上做到卓越。比如，我们修复后的 1905 年建筑罗伯特·H. 史密斯访客教育中心获得了 LEED 金奖。我们的博物馆商店出售代表自身使命的商品，包括人口贩卖幸存者制作的产品。

10. 财政可持续性

我们通过预算和规划解决了财政上面临的现实困难。林肯总统故居于 2008 年对公众开放，这是一个历史性的经济困难时期，我们没有收到任何捐助，但通过严密的规划和预算，我们成功实现了增量上涨，创建了现金储备基金。当我们开始讨论作为独立的 501（c）（3）组织的前景时，我与顾问们一同为组织制定了财政可行性研究报告，研究包括组织独立运行所需附加成本的高、中、低预估，以及从最严峻到最乐观形势下我们绩效的三大预测。

随着计划的实施，我们制作了可靠的预算，集中进行筹款工作，这些在启动非营利组织之前得到了理事会的同意。对重大收入冲击的抵抗能力让我们能够从容、清晰地思考，避免思维定式，把焦点放在组织的繁荣而非仅仅生存上。

11. 变革型领导的特质

林肯至今仍是我们国家最具影响力的变革型领导之一，这里也是他作出最多变革性决定的场所。我尤其敬佩林肯的三个永恒特质——真实性、开放性和决心，我认为这对变革型领导者来说非常重要。真实性需要知道你是谁或不是谁，它关系到赢得信誉以做好工作；开放性包括意识、对话和透明度三大要素；决心则关乎专注和动力，拒绝推卸责任。这三种特质相互关联，比如，没有开放性，你可能会失去真实性。最终，这些品质是关于你如何与身边的人相处而非你如何去控制他人。

辛辛那提博物馆中心于 20 世纪 90 年代由 3 家博物馆合并而成，在项目和社区响应力方面享有盛誉。博物馆坐落于历史悠久的联合航站楼内，提供各类科学、自然史、地区史和儿童项目。CEO 伊丽莎白·皮埃斯（Elizabeth Pierce）一路从中层管理者升至高层,于 2015 年担任领导一职。她的案例凸显了在此过程中学到的经验和教训,包括导师制的重要性。以下概述基于她与作者的谈话。

二、辛辛那提博物馆中心

伊丽莎白·皮埃斯,CEO 和主席

从内部甄选高层领导的候选人在博物馆领域并不常见,但是在一些情况下,会有一位明显的内部候选人,他/她可以平稳过渡到高层。与其他年轻的博物馆专家不同,皮埃斯很早就对领导力、儿童早期发展和慈善事业感兴趣。在 1995 年获得博物馆研究硕士学位后,她把第一份工作瞄准了芝加哥儿童博物馆(Chicago Children's Museum)的市场开发岗位。当她的家人 2001 年搬到辛辛那提时,她开始寻求到公共关系部门工作的机会。她的许多客户都是非营利机构,包括辛辛那提博物馆中心。在与当时的 CEO 道格拉斯·麦克唐纳(Douglass McDonald)合作时,她被任命为辛辛那提博物馆中心杜克能源儿童博物馆(Duke Energy Children's Museum)的咨询理事会成员。作为理事会主席,她和辛辛那提博物馆信托理事会密切合作,这让她对博物馆利益攸关者和组织运行产生了独特的见解,最终她从员工中脱颖而出,成为市场开发的负责人。皮埃斯指出,对领导力进行研究探讨很重要,在与理事会和 CEO 共事的过程中,她抓住该位置带给她的机会,接受了各种领导力技能的培训,其中一个重要的领域就是财政能力。在博物馆努力游说纳税人支持中央车站设施改建的关键时期,皮埃斯恰好在博物馆任职。辛辛那提博物馆中心也在进行与国家地铁博物馆（National Underground Railroad Museum）和自由中心（Freedom Center）的合并工作。皮埃斯在这两项举措中都发挥了关键作用。当2014年CEO麦克唐纳宣布退休时，她被任命为首席运营官，随后她成为临时CEO，与理事会主席开展密切合作。

因出色的工作表现和对组织的全面了解，皮埃斯于2015年被提名为CEO。虽然博物馆并没有正式的接任计划，但明显皮埃斯已成为接替该职位的合理人选。和许多新领导一样，她感觉到了有必要作出一些变化，其中包括填补空缺岗位、新增首席财政官以及学习总监，她还把筹款的重任交给了一位负责发展的新副总裁。皮埃斯随后更密切地参与到藏品、策展和展项等核心项目领域，这些都与全新的观众体验息息相关。之后，扩大项目开发，把STEM加入自然史、地区史和儿童发展中成为博物馆战略重点——因为它们可以重新修复和开放历史设施。对皮埃斯来说，展示所有这些领域如何交叉和重叠是一项非常独特的提议，也让她格外激动。

皮埃斯支持员工及其发展。她加大在员工参与专业会议上的投入，鼓励员工更多地学习观众服务和培养能力。在进行员工敬业度调查后，她了解到一些员工对他们的角色认知不明确，这也是领导力变革和重大更新项目中常有的情况。她的职责是继续提供支持，训练员工更有冒险意识。她加强了博物馆战略规划，把建筑、展厅翻新和新展览作为中心的战略重点，一个资本运作项目将为后者提供资金和运营帮助。考虑到有效的领导需要具备的要求，皮埃斯强调了社区参与和政治拥护的重要性，并使其与内部联盟和能力的构建保持一致。为适应和参与广泛的领导力趋势，她代表该市广大组织加入 CEO 圆桌会谈，这也是同行间学习的良好方式[1]。

■ ■ ■

匹兹堡的参议员约翰·海因茨历史中心运用快速复制的方法开发他们的公众项目。在接下来的案例研究中，副总裁桑德拉·史密斯（Sandra Smith）详细介绍了他们在开发公私合作为特点的新项目上所做的工作。此外，史密斯还分享了她在领导力最佳实践上的想法和她的职业轨迹，其中包括之前的藏品管理和担任一家小规模博物馆的馆长经历。

三、参议员约翰·海因茨历史中心：项目开发

桑德拉·史密斯，企业与参与部副总裁

参议员约翰·海因茨历史中心可以追溯到 1879 年，是宾夕法尼亚西部最古老的文化机构。整个博物馆体系包括西宾夕法尼亚运动博物馆（Western Pennsylvania Sports Museum）、托马斯和凯瑟琳·德特雷图书馆和档案馆（Thomas & Katherine Detre Library & Archives）、福特·皮特博物馆（Fort Pitt Museum）和梅多克罗夫特岩石庇护所和历史村（Meadowcroft Rockshelter and Historic Village）。随着 2004 年史密森学会的侧厅开放，历史中心成为宾夕法尼亚最大的历史博物馆。新的侧厅让我们在与史密森学会的合作中找到了更好的机会，附加的空间增加了西宾夕法尼亚运动博物馆、穆勒教育中心（Muller Education Center）、特殊藏品展区（Special Collections Gallery）和用于巡展的麦奎恩展区（McGuinn Gallery）。这座 37 万平方英尺的博物馆展示了令人叹

服的美国历史故事,并通过交互式环境把西宾夕法尼亚联系在了一起,完美契合了所有年龄段的观众。历史中心是一家501(c)(3)机构,由57位理事会成员管理,拥有全职和兼职员工约80人,年预算约900万美元。

1. 关于快速复制

这是我们在设计新的公众项目中最常运用的方法。虽然我们无需建立一套严格的流程,但我们大部分的新项目开发还是包括了以下几步:

- 创意产生:明确一个具有增长潜力的观众段,在了解当前公众趋势和知识需求、联系机构使命、与博物馆各部门合作开展头脑风暴,以及熟悉资源可达性的基础上构思项目。
- 伙伴关系:明确潜在的项目伙伴——营利或非营利机构——以提高或帮助项目开发,且自身已经拥有良好的品牌认知度。合作伙伴的标准包括有联系新观众的能力,能承担部分项目开发以使其拥有更好的运作能力,以及其他互利互惠。
- 市场营销:建立恰当的营销组合以最有效地联系观众,建设便于观众参与和分享的项目和宣传材料,所有信息都要与机构的总体品牌形象保持一致。
- 生命周期:意识到任何新的项目或者社区参与工具的生命周期都是有限的,即便是在最佳环境下。这可以帮助减少试图永久满足需求和解决问题的"恐惧因素"。

- 目标设置：明确和量化成功的衡量标准，因为它们在不同的项目间会产生差异。对一些项目来说，参与量是最重要的目标；对另一些项目来说，可能是可测量的影响力、创收，甚至是媒体关注度。
- 测试：举办公众项目，同时通过观众评估、媒体监督或者参与度和收入统计对所规定的成功的衡量方法进行追踪。
- 审查结果：快速跟踪计划，举办情况报告说明会，与所有涉及主体一起审查结果，然后确定改进和提升的步骤。
- 监督：对年度或重复的项目，要对比逐年的结果来确定大趋势，这些应尽可能放在特定背景下。一年中不同的时间是否会对成功产生影响？气候的影响如何？市场是否饱和？换句话说，是否有其他的博物馆或组织在做类似的项目？对该主题的兴趣是否在减弱？所有这些因素将有助于确定何时需要更新或放弃项目。

该方法非常成功地运用在了海因茨历史中心一项名为"家乡-本土(Hometown-Homegrown)"的大型公共项目开发上。在中心主席兼CEO安迪·马斯琪（Andy Masich）的指导下，博物馆一直围绕西宾夕法尼亚的食物和食物史去推进更深入的解读和规划，以回应国家和地区在该话题上不断增长的讨论度，特别是匹兹堡食物的知名度越来越高。历史中心的员工还花了一些时间考虑将食品节目纳入其中，我们想要继续扎根在匹兹堡历史中，以把我们自身从当地其他食品发展中区分开来。在此过程中，当地一家名为"匹兹堡好味道(Good Taste! Pittsburgh)"的公司意外地联系到我们，想合作推出一项聚焦匹兹堡对食物热情的公众项目。"匹兹堡好味道"是一家营利公司，常在匹兹堡地区举办广受欢迎的食品展和博览会。当我们探索这一潜在项目的目标时，我们发现了一个非常清晰且一致的目标：我们都希望这是一个轻松的、有趣的、受欢迎的项目，它聚焦于匹兹堡一些特有的传统、食物和饭店。我们也意识到历史中心和"匹兹堡好味道"公司可以免费提供服务，这样合作就可以顺利推进。具体来说，历史中心可以提供一个特殊的场地和大量教育活动，而"匹兹堡好味道"公司可以联系整个城市的食物界，深入展示对食品的管理和其中的市场利益。最终，"家乡-本土"项目落地，我们于2012年6月举行了项目首发仪式，其想法是展示有趣、可口的食品和庆祝匹兹堡对食物的热情。博物馆的观众可以随机从30家匹兹堡最佳街区的供应商中享用美味的食品。除此以外，项目内容还有当地著名大厨的烹饪演示，参观历史中心5层的全部展览，参与全馆各种与食品相关的活动，包括寻宝游戏、食品和健身游戏、"匹兹堡最佳曲奇"竞赛和烹饪手册交流。我们虽然还没有想好如何让观众进一步接受项目，但我们决定抓住机会与强大的伙伴做一些不一样的尝试。我们策划项目的初衷非常简单——学习如何创建一个基于本地食物的大型项目，衡量公众对食品项目的兴趣，获得联系新观众的可能性，以及幸运的话，尽可能节省一些费用。

在项目推出的当天早上，我们都为"如果没有人来怎么办？"感到焦虑，因为它和我们典型的产品相差太大。但最重要的是，在我们执行这一项目的时候知道这将会是一次学习的经历，不管发生什么，我们都会获得宝贵的见解。幸运的是，博物馆还没开门,进入大楼的队伍就已经排到了街区口。这一天是令人兴奋的、有趣的、筋疲力尽的,当然也是有点小混乱的。

在"家乡-本土"项目首次推出后的几天内,我们和我们的合作伙伴、参与规划的项目员工、协助供应商事宜的同事、收取志愿者反馈意见的协调员和观众服务经理举行了一次项目汇报会。我们发现:

- 在项目开展后的 5 个小时内,我们的参与量接近 800 人,这是我们当时参与量最大的项目之一。团队认为这是一项巨大的成功。很明显,观众对这类项目感兴趣。
- 除了当天稍有混乱外(现在回想起来完全是因为大楼内的观众太多了),一切都进展顺利。供应商装载快速有序,访客和供应商都非常开心和满意,志愿者为在整座大楼内帮助人们而感到高兴,没有任何重大耽搁。同样,我们也把它视为成功——是的,在我们合作伙伴的专业意见下,我们知道了如何做好一个食品项目。
- 尽管我们在开展忙碌的公众项目期间抽身做评估的能力有限,但我们的员工还是观察了许多第一次来的观众,询问他们重返历史中心的意愿。
- 由于这是我们第一次做这个项目,我们需要购买物资和打印标牌,特别是需要一些启动费用。尽管这些可以用活动期间的入场收入、商店收入和会员销售抵消掉,但我们在项目结束时仍有赤字,不过并不严重。考虑到其他取得的成功,也考虑到这是项目的开局之年,并且希望可以把它做成长期的年度项目,因此我们并不认为这是一个重大的消极影响。

- 我们也确定了一些明年可以改善的地方。比如,"匹兹堡最佳曲奇"竞赛就没有多大价值。虽然它为项目提前争取到了媒体和观众的兴趣,但它管理起来非常复杂,对项目本身也没有附加价值。其他一些改善都是些次要的,如提升烹饪展示、供应商布局,以及其他在完善项目流程上所做的改变。

五年来,"家乡-本土"项目已经成为历史中心的大型年度项目,并自首次迭代以来参观量翻了一番。每年在和我们的合作伙伴进行第一次规划会议时,我们都会批判性思考要增加或改变哪些项目元素来保持项目常办常新。每年我们都有新的食品尝试、新的供应商、新的主厨和新的活动,但受欢迎的关键元素是不变的:一个自带流量的电视主厨展示;历史中心的极佳展览;我们的烹饪手册交流——它已经从小型的"留一本,拿一本"互换小桌发展成为全民阅读图书馆,有超过 1 000 本二手烹饪手册用以交流或购买。

在 2016 年,我们决定把项目开展时间从 6 月移到 10 月。仔细研究参观量趋势和当地活动日历后,我们发现,匹兹堡的各类活动多集中在夏天。我们也注意到几年来项目的参与度在雨天得到提升,这让我们想到观众或许不太想在室内度过一个阳光明媚的夏日午后。它同样也给我们机会去更新市场营销和项目元素,使我们的品牌焕然一新。我们意识到,和所有项目一样,"家乡-本土"项目的生命周期可能仍然有限,但经过仔细的关注、规划,以及计算变革、风险后,我们相信它在未来仍将成为历史中心的重大公众项目，我们与"匹兹堡好味道"公司的伙伴关系也将继续。

2. 关于领导力素质

要支持和关心全体员工，鼓励并给予他们机会来平衡好工作和生活。确保他们拥有并利用充足的时间充电或担负起本职岗位以外的职责。鼓励他们探索组织之外的个人兴趣和热情。员工会更加幸福、更加充实，有些甚至会把外部的联系和经验带到组织内，使员工和雇主都可以获益。

倾听，而非命令。如果你雇用了正确的员工，他们会成为自己岗位上的专家，加上身居一线，能获得更多你不知道的消息，因此可以让他们提供意见，帮助决策，给你反馈哪些信息是有用的、哪些不是。同时你需要为他们的工作提供战略方向和背景，领导的工作就是扫除员工道路上的障碍，让他们在最少的干扰下做到最好。

相似地，我们应当倾听社区意见，听听他们想从我们这里获取什么，而不是提供给他们我们自认为他们需要的东西。这可以采取多种形式，如战略规划中的公众会议，与关键利益攸关者的私人谈话，甚至仅仅是关注参与的数据和趋势也可以了解公众的反应。

接受失败。失败是创新的必要元素，当它发生时我们不用觉得尴尬。在我攻读研究生学位时，我需要寻找非学术的东西来填补我一时多出来的时间。我开始学习花样溜冰，这是我从小就想做的事情。当然，我也非常害怕摔跤——特别是我是一个成年人——但随着我越来越适应其中的风险，它就变得没有那么恐怖了。我意识到，没有摔跤说明我还不够努力。当然我还是会经常摔跤、骨折、伤疤和淤青可以证明，但我知道我会痊愈的，而且那个惊险的跳跃、着陆动作绝对可以抵消这些疼痛以及摔在冰面上的窘迫。庆祝我们在工作中取得的成就很重要，否则士气就会降低，一切都会受到影响。冷静下来庆祝我们的失败也同样重要，这样我们和其他人能够互相学习，消除日后的恐惧。

3. 我的职业生涯

我大学时主修古典学，研究了文学、艺术、建筑、宗教、物质文化等，还辅修了艺术史——听上去更像是社会和文化史，不仅仅是艺术。毕业后，我在当地一家艺术机构实习，并最终在一个学龄儿童项目中任教。在接下来的一学年，我成为南达科他州一个保护区的志愿老师和图书馆员，并在那儿花了一些时间学习达科他文化。一年后，我又重新回到儿童项目中。

最终，我知道教书并不是我真正想要做的事情，所以我应聘了华盛顿一家小型博物馆办公室主任的职位，它很好地为我打开了博物馆世界。在一家小型博物馆中，我可以学习博物馆工作的方方面面——行政、教育、策展、展品、管理甚至是博物馆商店。

一年后，我开始了在乔治·华盛顿大学的博物馆研究项目，专注于藏品管理。该项目需要几次实习，我很幸运地在国家历史保护信托基金会的藏品管理部门进行兼职带薪实习。我协助开展国家信托历史遗址的藏品贷款、数据库、保险和评估项目。我在实习后顺利转正，主要帮助实施和培训员工使用新的藏品数据库。这是一个非常激动人心的岗位，可以帮助我理解小规模历史遗迹的现状及其管理博物馆藏品的能力。

在该岗位任职两年后，我成为国家信托博物馆的藏品主任。

在接下来的 4 年里，我和国家信托历史遗址的同事一同管理该馆的藏品，设计和推行另一个收藏数据库，把几个新的历史遗址加入国家信托组合中。当时，国家信托历史遗址从规模小、员工少、访客少的博物馆发展成了员工数量多且每年有数千名游客的主要历史遗迹。在这一过程中，观察在展览解说和博物馆管理二者间存在多少相同的问题是一件非常令人着迷的事情。

国家信托已经接受了几家以部分遗产加入组织的历史遗迹，包括康涅狄格州新迦南镇的菲尔普·约翰逊的玻璃屋、德克萨斯州圣安东尼奥市的 Villa Finale 博物馆和花园。Villa Finale 是沃尔特·马西斯（Walter Mathis）的故乡，马西斯是一位拥有惊人藏品的收藏家和保护家。我们有幸借助这次独特的机会，搜集了大量有关他本人生活和生命最后几年的收藏信息。国家信托雇佣了一名藏品经理来编目、拍照和记录他的 1.2 万件藏品。这是一个耗时多年的过程，在马西斯先生逝世时已接近完工。同年，我也特别幸运地参加了历史行政机构的研讨班。在那个项目中，我开始研究历史博物馆或历史遗迹如何对当下的社区产生影响。马西斯先生，这位当代保护主义者的故事启发了我，通过他的故事，我看到了机会，即个人如何能真正在社区中发挥作用。当国家信托计划把其住宅和藏品转变为历史遗迹时，我抓住机会加入其中，并搬到圣安东尼奥市，成为遗址的创立馆长。

在接下来几年，我们完成了藏品的编目和保护，创建了一个带有藏品的游客中心，一个博物馆商店和办公室；对房屋进行全部翻修，包括访问升级；建立导览和运行规划，并管理遗址带来的 5 个商业地产。鉴于博物馆地处活跃的街区中心，我的一项重要责任就是与我们的邻区建立合作和信任关系。2010年，博物馆开始对公众开放。

经过一年的运营，以及对项目近10年的紧张筹备，我意识到是时候把掌管权移交给其他有新鲜能量和想法的人了。我离开了Villa Finale，在匹兹堡海因茨历史中心就职。有了在小型历史遗迹5年的工作经历后，我已作好为大型历史博物馆工作的准备。我在历史中心主要负责教育和公众项目，同时也管理观众服务、博物馆商店和我们的设施租赁。慢慢地，随着教育和规划部门实力不断加强，我的角色逐渐向收入和其他企业运营方向转变。我把焦点放在加强已较为完善的收入项目上，把它们提升到运营成本的1/4。从收入项目中学到的经验也开始反馈给规划部门，并帮助我们开发了一个更商业化的方法来规划和实施公众项目。近期，我承担了我们非常活跃的出版项目和博物馆的市场营销与沟通工作，这更需要加强跨部门间的沟通和交流。虽然我还不知道这一机遇最终会带给我们什么，可能时间会给出解答，但它已经给我们带来了激动人心又富有挑战的设想，也为该工作的所有领域开发了新方法。

■ ■ ■

在杰克·拉斯玛森（Jack Rasmussen）的领导下，华盛顿特区美利坚大学博物馆（American University Museum）已经成为一个生机勃勃的艺术空间和教育场所。拉斯玛森是一位敏锐且有远见的领导，具备多个领域的技能。该案例的研究主要概括了大型组织内技能娴熟的领导和经验丰富的冒险者如何通过有效的合作为社区建立独特的资源。下列概况基于作者对他的访谈。

四、卡岑艺术中心美利坚大学博物馆

杰克·拉斯玛森，馆长和策展人

杰克·拉斯玛森拥有卓越的职业生涯，几十年来他作为馆长和策展人，参与了大量美术馆和博物馆的运营。他也是一个多才多艺的人，在美术、人类语言学和艺术管理上都取得了学位，这种组合非常独特，可以让他完全适应自己的工作。他还是一名实践艺术家，理解个体和社区的社会动态，对筹集资金、接洽理事会和收藏家、了解社会需求充满热情。他创办了另类艺术空间，经营自己的艺术画廊，担任博物馆教育人员和筹资员。拉斯玛森不惧怕学习和困难，他职业中最重要的一项成就就是在文化、国家、代际和艺术爱好者多个主体和渠道间发起了艺术对话。他对华盛顿特区当地艺术家的关注具有传奇色彩，并在当地慈善家卡洛琳·阿尔伯（Carolyn Alper）的资助下发起了藏品和展览倡议。但是他的工作并不局限在当地社区，他还引进了全球艺术家的一些观点和声音。

拉斯玛森的思想体系在美利坚大学博物馆的使命中体现得非常明确：

- 我们关注国际艺术，因为美利坚大学对全球作出承诺；
- 我们展示政治艺术，因为大学致力于人权、社会公平和政治参与；
- 我们支持社区艺术家，因为大学在区域当代艺术和文化的形成中扮演着积极负责的角色。

博物馆真实反映了大学的重点。它每年推出 30 个不同的展览，有些在馆内展出，有些是引进的或是与其他艺术组织合作举办的。展览在馆内 3 层高、2.4 万平方英尺的展区以及外部雕塑公园和广场举行。博物馆是校园内的地标性建筑，坐落于主干道的中心位置。拉斯玛森与当地的画廊、收藏家、博物馆和大使馆都建立了密切联系，也常和客座策展人开展合作。博物馆永久收藏了 6 000 件艺术品，若还能从现已解散的科克伦画廊（Corcoran Gallery of Art）增加 7 000 件藏品，总藏品数量则可以翻倍。"另类空间"的概念正在往一个传统的组织演变。在担任馆长的 12 年中，拉斯玛森开发项目，组建员工团队，为实现宏伟的项目筹集资金。作为一个适应型领导，他不断创建战略联系，创造新想法，为增加藏品奠定基础。

博物馆的员工配置包括助理馆长、登记员、标本制作者、游客服务经理、营销和出版专家，以及学生助教和专业承包商。拉斯玛森与美利坚大学艺术和艺术管理专业的学生一同工作，他说："3 年后，我的员工常会晋升到更好的岗位……因为他们很好，很有责任心，我也很乐意提拔他们……所以我认为这种人员的流动是成功的而不是问题。"志愿者也常是员工配置中的一部分，他们为周末的家庭项目和其他公众项目提供支持。这种与学生的合作也提供了更多社交媒体方面的应用，把展览和艺术家带给更广泛的观众。

作为大学艺术博物馆，它每年有 10 万美元的预算经费，其中 40% 由拉斯玛森筹集。把博物馆嵌入大学内可以让其参与到重大资本运作中，来创建新的项目和基础设施。拉斯玛森超凡的筹款能力带来的重大成果之一就是促成了获捐 150 万美元的"阿尔伯倡议（Alper Initiative）"。捐赠者希望可以通过展览、收藏、编目和一个特殊的网站来支持当地艺术家。

作为另类空间的支持者，拉斯玛森说："总体上，我对当代艺术更感兴趣，但我认为它需要展示在一个特定的语境中，而这个语境会告诉我们在这之前发生了什么。"事实上，他认为他的人类语言学博士学位的研究方法"非常棒，有点类似分析和编辑语境信息再进行解释的系统性方法"。在华盛顿、马里兰和加利福尼亚推行另类空间的几个岗位中，他常担任艺术家的解说员和拥护者。每个组织都允许他创新方法，建立社区收藏家、策展人和资助人之间的联盟。在华盛顿，联邦资助和资源丰富的艺术博物馆占主导地位，当地艺术家飘忽不定。当华盛顿科克伦画廊逐渐走向衰败，拉斯玛森希望通过展示这些社区以及那些来自国家和世界其他地区的艺术家来服务当地的艺术社区。

拉斯玛森善于冒险，喜欢"挑战性"表演。挑战的内容有时候就是主题（近期的主题有：黑人的命也是命，艺术家移民，朝鲜的国家资助艺术和广岛、长崎核爆炸70周年等）。拉斯玛森经常访问国外的艺术家和画廊，设想未来的展览。他曾为组织一场中东当代艺术的展览在迪拜度过了一段时间。访问的费用常由大使馆或其他赞助者承担。他努力协调展览日程的灵活性，使展览主题及时呼应正在发生的政治议题或某一社会公平困境问题。

未来，特别是在获得科克伦画廊关闭后的藏品而自身保有量增加一倍后，博物馆将蓄势待发，迅猛增长。随之产生的附加责任就是要增加基础设施的投资以保护藏品，从而方便公众和学者访问。在这一情况下，经营12年的博物馆进入其生命周期中更加成熟的阶段。

该博物馆是美利坚大学一系列艺术项目的一部分。拉斯玛森向艺术和科学学院院长作工作汇报，效果良好。大学受托人对博物馆感兴趣，并在项目支持上提供帮助。虽然有这些积极的关系，但仍需要筹款，这会占用馆长多达30％的时间。随着馆内藏品越来越多，需要雇用新的馆长和其他员工，这也让拉斯玛森有机会参与其他项目，当然也能筹集到更多资金。幸运的是，他已经建立了一支捐助者队伍，可以向他们请求在各类项目上的帮助。

作为馆长和策展人，拉斯玛森从与大学博物馆和其他同事的合作中获益。他和许多成功的馆长一样，参加区域馆长圆桌会议，并提供意见和支持。在现今的行业需求上，拉斯玛森认为，馆长需要接受管理方面的培训："在我攻读艺术管理学位时，学习了如何读懂资产负债表，你知道……这是必须的。我也同样学习了有关官僚机构如何工作的课程——这是在大学环境下生存所需的知识。""关键在于不断学习并拓展你的专业圈子。你需要每一个小小的优势来帮助你在该领域蓬勃发展。"[2]

■　　■　　■

位于南卡罗莱纳州哥伦比亚市的爱德温彻儿童博物馆是一家不断发展的博物馆，它采用新方法来实现包括集体影响（Collective Impact）模型和接触多样化观众在内的使命。它们的故事由前特别项目主任劳伦·谢菲尔德（Lauren Sheffield）讲述，他是一位不到30岁的新兴博物馆专业人士。该案例强调了为员工从事变革性工作赋能的重要性。

五、爱德温彻儿童博物馆

劳伦·谢菲尔德，特别项目主任

爱德温彻儿童博物馆坐落于南卡罗莱纳州首府哥伦比亚市中心，于 2003 年 11 月对外开放。博物馆占地面积 9.2 万平方英尺，每年接待儿童及其家庭超过 20 万人次。作为南部最大的儿童博物馆，爱德温彻博物馆和其社区项目体现了其使命——关注并启迪儿童、青少年和成人体验学习的乐趣。博物馆开发了互动展览，向整个州发出倡议，支持儿童的创意思维、决策技能和增强他们从襁褓到职场的自我效能。博物馆每年的运营预算约为 40 万美元，在此基础上，开展与整个州的学校和直接服务组织的合作，以增加南卡罗莱纳州儿童获得教育和健康资源的机会。

领导这项工作的是 CEO 凯伦·柯尔特兰（Karen Coltrane）以及一个由 18 位成员组成的理事会，其中包括 3 位指定成员，代表爱德温彻儿童博物馆在哥伦比亚市里奇兰县的主要合作伙伴和政府伙伴。8 位成员组成的高级领导团队与柯尔特兰及理事会密切合作，并成为爱德温彻儿童博物馆 38 位全职员工中的一部分。爱德温彻俱乐部在学年期间会在 7 个区域的小学设立办事处，支持我们的观众服务、夏令营和课后项目，其中约有兼职员工 80 人。

1. 服务社区

爱德温彻儿童博物馆有近一半的预算投入馆外和南卡罗来纳州的项目中，对社区人口和全州不断增长的多样性有了更高的认识。作为一家致力于丰富教育方式和增加儿童及其家庭健康可及度的博物馆，我们与一系列组织建立了灵活的伙伴关系，从遍及全州的健康护理公司、南卡罗来纳州大学、市和县政府机构，到学区、南卡罗莱纳州教育主管部门等，爱德温彻儿童博物馆有意识地关注与南卡罗莱纳州特定的少数民族社区（如我们不断增加的拉丁美洲人社区）建立伙伴关系。我们总共拥有超过300位社区伙伴，这些伙伴的领导者中有不少人在爱德温彻儿童博物馆的理事会拥有席位，或者是在其他志愿者组织中担任职务，促进了我们响应社区人口变化作出的倡议。

爱德温彻儿童博物馆的座右铭——"教育，遍及每一个人（Education. Everyone）"充分体现了我们的根本宗旨，它影响着我们的设施、展览和公众项目。在博物馆内，我们的设施设计、展览和公众项目基本对所有儿童和他们的看护人开放，通常包括英文和西班牙文标签，并旨在接纳残疾儿童及其护理人员。

2. 利用创新

爱德温彻儿童博物馆近期关于成功回应社区需求的方法是通过集体影响模型——一个地区驱动、社区开发的社会影响战略，强调在一个中心团队（骨干组织）领导下，跨部门和分层工作，各方共同商定，分享数据和目标。集体影响倡议正在逐渐流行，并在公共健康和教育部门取得成功。在2017年春，爱德温彻儿童博物馆向美国博物馆和图书馆服务协会提交了一份重大提案，旨在运用集体影响带来的最佳实践，该项实践在为期2年的、以社区为中心的努力中明确了地区财产，汇集了城市跨机构的利益攸关者，开发了地区驱动的行为规划，以解决南卡罗莱纳哈茨维尔市迫切的以及相关联的青年发展和团伙活动问题,地点就在我们新的卫星博物馆。如果能拿到拨款资助,在集体影响模式的指引下,博物馆应当承担起骨干组织的作用,并和哈茨维尔市的开发团队一同召集各个领域的领导,包括城市和街区管理、青年咨询、执法机关、地区基金会、宗教,以及 K-12 教育、继续教育、高等教育,来解决城市的青年团伙暴力问题——大多数博物馆都还没有意识到它们能够在该挑战上发挥的作用。即便没有资金,爱德温彻儿童博物馆仍计划继续与城市管理部门合作,发挥中立、敬业的社区召集人作用——在联邦指定的南卡罗莱纳州承诺区,博物馆成功地在学校专家和地区教育利益攸关者中发挥了作用。

3. 博物馆对多样化的关注

爱德温彻儿童博物馆把焦点放在遍及全州的社区拓展项目以突出机构对多样性的承诺,理事会和员工的组成也如此。此外,因为爱德温彻儿童博物馆服务于一个多样化的儿童和家庭社区,我们在招聘上也作了一定的谋划:对我们来说重要的是,与儿童和家庭互动的员工不仅仅得是高素质的教育者,在性别、种族、伦理甚至生活经历上也应该同样具有多样性。

爱德温彻儿童博物馆在全馆发起的"是的,每位儿童(Yes, Every Child)"活动也强调了我们对多样性的承诺。"是的,每位儿童"活动通过有针对性的社区拓展和减少博物馆门票费用,提升资源匮乏地区的教育项目可及度。参与美国农业部补充营养援助计划(USDA's Supplemental Nutrition Assistance Program)或女性、婴儿和儿童项目的家庭,或接受医疗补助计划福利的观众,来博物馆每人只需要花费 1 美元。无论文化、伦理、地理和社会经济的障碍如何，我们相信每一位儿童都应该获得参与爱德温彻儿童博物馆特殊教育体验的机会并从中成长。在企业赞助商和个人慈善家的资助下，这些努力成为可能。

4. 团队建设、透明度和适应性

所有员工都赞成"爱德温彻式"的信条，它实现了我们的四个核心价值：服务、诚实、创新和愉悦。当我以博物馆体验主任的身份加入爱德温彻儿童博物馆时，我得到的员工文化是相对消极且不透明的。在我们新任 CEO 的支持下，以及我的主管——我们的执行副主席，也是博物馆近 10 年来最积极、最富创新精神一员的指导下，我开展了对员工尤其是观众体验和教育团队的培训。该培训由波士顿儿童博物馆和芝加哥儿童博物馆建立的"共同学习"项目改编而来。由于"共同学习"项目的核心是游客服务和在项目中构建教育影响力，我把我们的培训系列拓展到了全天的团队建设活动，训练其适应性和服务观众的能力，接待关键赞助商和捐赠者，以及实地参观放学后项目。入职体验也同样包括与我们高级领导团队就预算（收支目标）、项目挑战和爱德温彻儿童博物馆的战略愿景展开公开讨论。作为一个年轻的博物馆领导者，建立新的社区文化和管理那些不怎么愿意接受"爱德温彻式"或我们新的培训理念的员工确实充满挑战，但不管怎样，我坚持了下来。

5. 战略规划

在新任 CEO 带领下的第 3 年，包括在第 2 年我们也有了新的理事会主席,领导团队开始了整个组织的战略规划。直到现在,除了5年前的拨款赞助战略规划,我们大部分的战略规划都是在部门级别实施的。比如在教育部门,我完成了一项综合性"教育规划",为下一年的战略框架服务。规划中强调的目标可以帮助部门衡量我们的影响和取得的成功,不论是在学校或团队项目中计划达到的学生目标数,还是努力发展与需要高质量专业学习的新校区的合作。在 2017—2018 财年,我们非常高兴能在国家科学基金会(National Science Foundation)的赞助下,与南卡罗莱纳大学一同展开纵向研究,评估青年志愿者项目(博物馆学徒项目)和它对少数群体以及低收入学生在校成就与 STEM 课程关系之间的影响。研究也会评估我们的青年教育者对观众学习的影响。当我们获得赞助或我们的新项目、新举措得到了资金支持时,我们都会请专业评估者作出评估。

6. 与使命相关的项目

儿童博物馆是博物馆界一个独特的子集——它们是非藏品机构。相比强调收藏艺术或反映使命的文物,我们努力开发项目、展览和学习课程,来反映社区的教育需求。该理念的一个绝佳案例就是"斑点狗车站"展览。展览展示了一辆真实的 24 英尺长的消防车,儿童可以爬进车内模拟驾驶,各个年龄段的观众可以试穿消防员的外套,滑下消防滑杆。展览是一个适合游玩的、有趣的模拟场所,但它的设计也是为了抑制南卡罗莱纳州极高的房屋火灾致死率。儿童可以和看护人一起为自己的家创造一个火灾逃跑计划,或学习一些像如何检测烟雾探测器之类的消防安全知识。通过与南卡罗莱纳州马歇尔消防办公室的合作,我们了解到,很多火灾中被困在自己家里的儿童因全副武装的消防员而害怕跑到安全区域。为减少这种恐惧,在工作日观众可以见到身穿消防服、戴着防毒消防面具的专业消防员,并与他们互动。通过展品和互动,家长会对火灾防范作好更充足的应对,万一有紧急情况,孩子也会减少对救援人员的恐惧。

7. 财政可持续性

和许多新建的博物馆一样,爱德温彻儿童博物馆在早年也面临维持建筑成本的挑战,并在2008年金融危机中受创。我们当前的高级领导团队引入新的收入来源,并扩大了那些既能满足使命又为博物馆提供重大收入的项目。一个独特且受使命驱动的收入形式是我们的卫星扩张计划。到2020年,爱德温彻将在南卡罗莱纳州游客最聚集的海滨城市美特尔海滩建造一个儿童博物馆,海滩也和南卡罗莱纳州其他一些贫困县相连,还有南卡罗莱纳州以贫穷和暴力闻名的哈茨维尔地区,但它同样也是许多大型制造公司、私人院校和南卡罗莱纳科学数学州长学校的所在地。

8. 改革型领导的品质

我相信改革型领导一定是积极的、包容的、具有战略性的系统思考者。对我来说这些非常重要,因为我见过一些领导的负面影响,他们既不热情主动地召集其他同事(或捐赠者)并就共同目标有意识地联合团队,也不仔细计算财政决策,而是把钱花在与机构使命和战略规划无关的项目和展项上。毫无疑问,博物馆和非营利机构的专业人士常处于超负荷工作状态,薪酬也不高,但仍然对建立真正的影响怀有热情。拥有上述品质的改革型领导能够承认他人的价值，不仅仅让他们承担责任，也热切支持他们克服组织挑战，在博物馆内外作出改变，以实现集体目标。不管博物馆的规模如何，我相信这样一位改革型领导能深深理解并清晰表达出组织的宏伟蓝图，并始终对完成这些目标的人和项目的必要框架保持清楚的看法。

今天的非营利组织领导者始终把这些品质放在首位，以继续适应不断变化的工作预期；把正确的人放在正确的位置，支持他们，并把他们和他们的想法纳入目标和成效中。我收到的最棒的称赞来自爱德温彻儿童博物馆的展品主任，他肯定了我在星期六早上6：30召集几乎所有全职员工参与爱德温彻年度青年峰会中所作的努力。"没有人可以做到这一点！"他说。我笑了并且意识到，这句话的核心在于我是怎么完成的：近6个月的准备过程，对活动始终保持乐观，根据员工优势分配任务，以及把更大目标的影响力印刻在每位一线员工的脑海中——不管规划的过程是怎样的让人筋疲力尽或困扰人心。我为我能够赋予同事能量，给予他们时间和精力投入项目，一同把年度青年发展项目推向高潮，并积极影响了南卡罗莱纳超过200名资源匮乏青年的人生轨迹而深感自豪。

位于亚利桑那州凤凰城的乐器博物馆为游客和社区提供了独一无二的体验。执行馆长阿普里尔·萨洛蒙（April Salomon）领导博物馆回馈社区，教育观众了解音乐的力量，以及为员工和理事会提供机会来构建衡量成果和改善运营的体系。借助自身商业和非营利机构的领导力技能，以及运用六西格玛系统（Six Sigma System）这一更加灵活的规划和运营方法，她努力把组织向前推进。如下是萨洛蒙的案例研究。

六、乐器博物馆

阿普里尔·萨洛蒙，执行馆长

乐器博物馆（MIM）由塔吉特公司前 CEO 和名誉主席罗伯特·J. 乌利奇（Robert J. Ulrich）创立。作为非洲艺术品的狂热收藏者和世界博物馆爱好者，乌利奇和他的朋友马克·菲利克斯（Marc Felix）在参观了比利时布鲁塞尔的乐器博物馆之后，提出了乐器博物馆的构想。他们独特的愿景是建立一个能够代表全世界各个国家音乐和乐器的博物馆。通过最先进的视听技术演示原文化语境下的乐器，同时传递它们独特的声音，乐器博物馆向博物馆观众提供了独一无二的体验。

乐器博物馆独特的藏品来源于一支专业的策展团队，成员有著名的民族音乐学家、器官学家和其他领域的专家。藏品大部分都集中在地理美术馆，聚焦全球五大重要区域。其他还有一些展览空间，例如举办巡展特展的塔吉特展厅，囊括了引人注目的乐器和一些与世界知名音乐家相关的文物艺术家展厅。2010年4月24日，博物馆在一片欢呼声中开门营业，自此大大提升了亚利桑那州凤凰城的艺术文化形象。

乐器博物馆是一个 501(c)(3) 非营利组织，有理事会和来自凤凰城社区的咨询理事会，与乐器博物馆执行领导和管理理事会一同合作，进一步推动博物馆使命。除了个人、基金会和企业的支持外，乐器博物馆也接受公共资金的支持，比如，亚利桑那人文委员会、凤凰城艺术文化办公室和亚利桑那艺术委员会提供的资金。

乐器博物馆的使命是通过收藏、保护和提供全世界各个国家、各种令人惊叹的乐器和视频演奏来丰富我们的世界。乐器博物馆欢迎游客并向他们提供有趣的体验、无与伦比的互动技术、充满活力的项目和令人惊喜的音乐演奏。乐器博物馆也通过展示如何创新、适应和相互学习来创造音乐这一灵魂的语言，来促进世界多元文化间的欣赏。乐器博物馆仅用了 7 年就跻身全美 20 家顶级博物馆行列，并连续 3 年成为凤凰城第一大旅游景点（TripAdvisor）。

1. 社区参与

作为一个年轻的机构，乐器博物馆正在努力建立自己的声誉，致力于成为一个家喻户晓的名字，让全世界都认识到它在博物馆和文化机构中的特殊性。要实现这一优势根本上需要整个社区的持续支持，尤其是对于一个拥有近 50 万人口且还在不断发展的大都市来说，乐器博物馆无疑是其艺术和文化领域的新来者。

我们知道，作为一家国际性博物馆，让大家都能了解我们来自全球各地的藏品和音乐非常重要。通过深思熟虑的诠释、创意项目的开发、音乐会和战略伙伴的加入，乐器博物馆致力于为每一位来访游客提供世界一流的体验。这些指导原则是乐器博物馆使命的核心，博物馆也将在这方面持续发力，保证其成为全球社区的重要组成部分。

博物馆自成立以来我们就深刻地体会到，社区参与将是成功的关键元素，但更关键的是乐器博物馆的长期可持续性。迄今为止，我们已经与超过 60 家组织合作，通过与音乐相关的项目或展品来深化社区参与。比如，标志性的"体验"活动把乐器博物馆确立为文化和社区中心，活动利用整个周末的时间来庆祝特定文化的音乐传统、乐器、打扮、烹饪和历史。在支持这类项目的社区伙伴的帮助下，乐器博物馆接触到了那些凤凰城和其他地区无法来博物馆参观的观众。

虽然乐器博物馆的主要接待人口包括大凤凰城、斯科茨代尔和周边社区的退休群体和年轻家庭，但重大的转变趋势已经显现，那就是国内和国际访问者急剧增长。2010—2011年，大约72%的公众访问者主要为当地居民。慢慢地，我们看到来自美国中西部、东海岸、南部、加拿大和世界其他地区的游客越来越多，现在已经超过乐器博物馆接待量的一半。因此，变化的人口数据给博物馆带来了积极影响，它帮助我们建立了更宏大的观众意识和共享体验。

乐器博物馆的一切都与观众体验有关，这意味着要进行大量规划以确保公众访问的理念强化于心。通识、友好、专业的服务会让观众在鼓励探索和发现世界音乐文化的环境中感到受欢迎。无论是博物馆的可达性和信息化，还是我们的导览播报技术、特殊项目、扩大内容展示、全球和地区美食、特展、博物馆商店和商品或重要注意事项上，我们所做的每一方面都把关注点放在支持乐器博物馆的品牌和观众上。

2. 快速复制和六西格玛法

如果您的博物馆与世界上其他场馆不同，刚成立时间也不久，要尝试各种看似支持和完成使命的项目和活动就会简单很多。在这一过程中，博物馆经常会经历"使命转变"，这种转变会令他们偏离最初的目的和指导准则。在乐器博物馆，我们一直努力学习能帮助了解后续决策的试点倡议，最终决定把重要的时间和资源从核心业务上转移出去。为避免在未来出现任何潜在的陷阱，领导团队设置了一个更加严谨的方法来审查新想法，并完善现有流程。

深深嵌入乐器博物馆工作文化的是六西格玛法，它几乎适用于我们运营的各个方面，包括测验长期可行性和机构目标整体合适度的新项目。虽然这一经过验证的方法已经更多地运用于工业部门和大型企业，但乐器博物馆成功地把六西格玛的准则和工具作为持续努力的一部分，来实现稳定和可预测的过程结果，同时把违背目标结果的变量最小化。目标或许是简单又或许是雄心勃勃的，但在任何情况下，我们发现，定义、分析、测量数据的结构性方法在提高和控制结果等很多方面都大有裨益。

乐器博物馆的核心价值观之一在于不断改变，这意味着我们将持续不断地寻找改善观众体验的方法，比如在展厅内提供新的内容，发现新兴人才并在乐器博物馆音乐剧场中展示，传递给观众有趣可及的项目，尽可能接待更多的学校儿童来馆参观。这一切绝不可能靠偶然性，我们采用的方法必须目标明确，包括批判性思考，承诺的结果必须兼具定量的数据驱动和定性的项目内容反馈。尽管这还不是一个可以快速复制的精确蓝图，但目前六西格玛法在乐器博物馆还是运行良好，它促进我们改善当下所需，测试新想法，以获得更大的成功。

为了实现到2020年我们的学校和青年团体参与量达10万人次这一里程碑式的目标，我们不得不采取切实可行的战略措施。我们召集了六西格玛团队重要成员进行了为期一年的项目，目标是通过付费参观学校来增加参观量，因为乐器博物馆的研学参与者中，有很大比例是资源匮乏的学校儿童和青年团体，他们的费用都由拨款资金赞助。由于大部分研学都在春季和秋季，夏天的时间又比较久，这也为更多儿童到馆参观提供了机会。

六西格玛团队在他们的方法中运用了各种工具，包括一个努力/影响矩阵，它用于帮助确定一个最简单、最易实施，同时又能产生最有利影响的方案（最少的努力或容易实现的成果）。我们也在找寻各种方式去改善参观路线、博物馆导览和校车停车方法，以适应不断增长的人数。在项目的初始阶段，我们了解了大量有关"级别1"和"非级别1"的学校，前者在亚利桑那州有着巨大需求。很明显，特许学校和其他能够支付乐器博物馆研学费用的学校在比例上仍不平衡，我们州仍面临教育的持续挑战。虽然我们在一年内也在付费入场（10%）上取得了一些进步，但真正的成功体现在我们与全州各地区伙伴关系数量的增加上——现在增加到约800所学校。参观量进一步增长则发生在夏天，我们努力联系到更多像男孩女孩俱乐部（Boys & Girls Club）这样的青年团体。仅2017年，我们计划在5月至8月服务超过1万名男孩女孩俱乐部成员，其结果是学校和青年团队的整体入场率比去年增加了35%。

坚持使用六西格玛法能够完善结果，让组织达到预期效果，这也使乐器博物馆再次获益。

3. 建立团队和沟通

乐器博物馆为组建一支才华横溢、能力出众、执行力强、多元化的团队深感自豪，他们具备给组织带来新想法、保持活力和热情必不可少的技能。当然招聘的过程也处处体现严谨和敏锐的洞察，各种级别的面试、评估测试、药物和背景筛查，还有和执行馆长有时甚至是乐器博物馆的创始人见面，这都是组建一支专业队伍的一部分。

像许多其他初创企业一样，乐器博物馆多年来也经历了员工变动。博物馆初创阶段的成员往上升职，并由他人取代原来的位置，这是任何一个新的商业组织都会经历的自然过程。在接下来几年中，我们重点强调确保团队成员能较好地融入组织，这能够为他们的工作带来价值和积极的态度，也可以培养他们自己特定角色所需具备的才能、技巧和经验。他们是否喜欢音乐？是否能适应快节奏的环境？是否适应高度团结的组织氛围？能否对商业需求变化作出快速回应？这些问题的答案可以清晰勾勒出候选人的能力镜像，评估他们是否能为乐器博物馆组织的繁荣昌盛作出贡献，同时是否能够紧密与同事、客人、志愿者和类似领导的人共事。除了多样性外，组织在其他方面并不存在挑战，因为在组织成立之初就非常具有包容性，同时也确保每一位团队成员具备必不可少的技能、才华和能力，以出色的表现对组织作出贡献。

当我还是执行馆长的时候，将关注的重要领域一直放在组织的透明度和沟通交流上。虽然我对乐器博物馆的创办人和信托理事会负主要责任，但我也支持在组织结构的各个层级及时分享相关的信息。举例来说，在我担任执行馆长不久后，我开创了与志愿者团队成员一季度一次的"咖啡谈话"活动。乐器博物馆有近500位志愿者在帮助其提升使命，这一举措不仅有利于把他们融入与我们的沟通中，也搭建了一个平台，让他们可以直接倾听组织领导者对乐器博物馆的财政报告、新项目和倡议，以及实现机构目标和其他主题的过程和途径。这立竿见影地给志愿者们营造了获得感和认同感，帮助志愿者更好地理解他们是如何在为我们的目标作贡献，通过一系列有意义的对谈鼓励他们可以作出更多努力。它还创造了善意。志愿者团队认为，如果执行馆长愿意通过这种方式接纳他们，花费时间向他们展示组织的价值，那他们也必须把自己视为组织的利益攸关者。事实上，乐器博物馆的志愿者也是机构成功的重要组成部分，是我们定义团队建设不可或缺的重要部分。

乐器博物馆的理事会由地区和国家知名人士组成，他们致力于博物馆的使命和可持续性成功。他们的管理和奉献不仅仅体现在乐器博物馆推出时期，即便是现在，确保创始原则在可预见的未来能够继续被遵循也非常重要。因为乐器博物馆的理事会成员拥有广泛的技能、领导力才华和重要资源，他们在短时间内迅速推动了博物馆的发展。在与乐器博物馆理事会和创始人共事中，我的经验是通过季度会议或定期汇报，让他们始终知晓博物馆的运营、财政、员工和其他关键领域的情况，这一做法非常有效。我也同样花时间与他们单独见面，通过更个性化的沟通满足他们的需求和期待。如果理事会成员中有人可以对某一特殊需求提供帮助，我们会立刻联系，这些需求可能包括筹集资金、宣传介绍或参加特殊项目。

在我看来，与乐器博物馆理事会成功合作的关键是衡量好他们的专业领域和能力，再邀请他们加入，每一位理事会成员在市场、公共关系、法律事务或财政相关的经验和知识都可以为博物馆提供宝贵的指导。自乐器博物馆成立以来，我们相信一个较小的（10—15位成员）、更灵活的理事会对我们的目标更有益，他们可以在短时间内作出决策并执行，对使命和品牌也有着相同的承诺。

4. 规划体系

在每年的预算编制过程中，领导团队都会制定未来 1—18 个月内机构的目标和业务重点。这一战略规划的过程虽不算正式，但它更加贴近实际地利用六西格玛法指导在特殊项目和倡议上的决策。

在过去 7 年里，乐器博物馆内进行了大量的改革和创新。大多数博物馆适用的传统长期战略规划对我们并不完全适用，反而会适得其反。由于我们恰好工作在改革不可避免的第一线，即便是长期的路线图也必须是灵活的。我们发现在一个更短、更分散的时间框架下规划，效果反而更好，当前使用的方法能让我们更真实地对待 12—24 个月内要完成的事情，也因为我们已经试验了各种短暂的项目，因此可以在不对核心业务目标产生重要影响下作出适当调整。

5. 传递使命

乐器博物馆由备受赞誉的建筑师里奇·瓦尔达（Rich Varda）设计，与明尼阿波利斯市和凤凰城 RSP 建筑事务所合作。大楼独特的建筑风格唤起了对西南地区的地形，对沙漠景观的材料、形状，对音乐编曲的韵律以及对全世界乐器相通的细节的致敬。印度砂岩是建筑动态立面的重要组成元素。大厅光线充足，形式流畅，观众可以通过宽敞的主走廊参观各个展厅，让人联想到各种抒情的音乐和优雅的乐器。同样，地板上、墙上和天花板上的图案也暗喻了亚利桑那的地质纹理、音乐作曲的旋律和乐器常有的设计和形状。

  乐器博物馆有近 17 000 件乐器和文物藏品来自演奏它们并且具有最大文化关联性的地理和文化区域，今天对外展示的超过 6 500 件。乐器博物馆藏品中的一些乐器由它们的制作者或拥有者和演奏的音乐家捐赠，有些直到现在还能在原产地演奏。事实上，观众可以在每个展厅内的视频片段中看见它们，听到它们的演奏效果。策展人员基于它们精美的构建、制作人的声誉、特殊的起源或者与重要演出的联系，为展览仔细选择乐器。在整个乐器博物馆的音乐之旅中，观众在我们的地理展厅会遇到各种乐器和文物，该展厅主要聚焦五大主要国际区域：非洲和中东、亚洲和大洋洲、欧洲、拉丁美洲和加勒比地区，以及美国和加拿大。

  设施和藏品以及先进的技术和配套设备都结合在一起，以传递乐器博物馆的品牌和使命。我们对在沉浸式环境中提供这样一种无与伦比的、多重感官的体验深感自豪，这种体验是明亮的、快乐的，欢迎任何一位对音乐、对世界文化和乐器感兴趣的人。世界上还有其他一些与乐器相关的博物馆，但它们主要还是关注西方乐器。乐器博物馆是独一无二的，因为它在一个地方广泛汇集了可以代表和庆祝世界上每个国家音乐的藏品。

6. 财政可持续性

  财政可持续性是每个组织都需要面对的现实，但在非营利部门仍然存在较大挑战。创办人的慷慨大方是乐器博物馆自 2010 年开放以来必不可少的保障，尽管在此之后我们每年已成功地减少了他的捐助。与此同时，我们发展了一个强大的捐赠基数并且该基数还在不断上升,观众参观、博物馆商店、音乐会参与和各种项目的收入也在持续增长。团队也努力地通过公用设施、更智能的人事决策和其他形式来减少开支。

作为一个新的博物馆,乐器博物馆当前最大的挑战是错误的认知。事实是,我们依赖社区的财政支持实现可持续发展,但别人却认为我们不存在可持续性问题,因为我们有漂亮的新的大楼,还有创始人投入的可观初始资金。团队在有效传递博物馆资金需求的努力上还未完全得到共鸣,所以虽然我们的财政收入正稳步增长,但仍然还需要投入大量工作克服这些错误的想法。

团队和志愿者成员、领导、理事和顾问委员会成员都明白,近几年内若没有创始人的捐助,就必须实现自力更生和全面运营。虽然这不是一项小任务,但我相信是可以实现的,这需要在组织内建立一种博爱文化。当每个人都专注于产生持续支持的目标,乐器博物馆就能为下一代探索和体验世界音乐和乐器的多样性提供可能。

7. 改革型领导的品质

灵活

根据我的经验,这是我在职场生涯中得以成功的最重要的品质。正如他们所说,变化是不可避免的。在乐器博物馆,灵活是一种生活方式,我们拥抱改变以及它可能带来的积极方面。事实上,乐器博物馆的核心价值观之一就是不断改变,这意味着我们的工作文化依赖于每个人适应变化的能力,不管是意料之外还是意料之中的变化。作为组织的领导,我发现尽可能灵活敏捷地作出回应是必不可少的。尽管我们已经建立了经过检验且真实的项目、流程和直接带来预期成果的成功模式,但我们仍不会过度依赖可预测的结果,特别是当我们被驱使着不断完善提高时。我能够想象到的关于灵活的最佳经验就是成为建设乐器博物馆的一部分,并且执掌它。

勇气

领导力一直需要勇气,这是一项深层次的承诺,也是一项需要付诸努力的工作。然而当今世界变得更加复杂,带来了许多既需要充分考虑又需要行为果断的挑战。它让勇敢的领导者直面特定问题,评估潜在影响并采取恰当措施。此外,踏入领导角色本身就是一种勇气,因为这意味着知道自身需要全权承担组织的管理职责,无论是营利还是非营利。当然,勇气并不意味着没有一丝恐惧,而是在未知和不熟悉的情况下,坚定立场和信念。它是在面对不确定时继续前进,以及愿意去领导,这在某种时刻已经成了真理。

激励

在《从优秀到卓越与社会各界》一书中,吉姆·柯林斯指出:"真正的领导力只存在于当人们在有选择不的自由时,仍然愿意遵从。"在乐器博物馆,我们努力促成一种目标驱动下的领导环境,它激励我们的团队兑现我们对卓越品牌以及增加全球社区价值的承诺。这种领导力需要有坚定的信念,并能够清晰表达组织的愿景,即鼓励每位团队成员作出承诺。我发现乐器博物馆的每个人都希望在服务组织目标、尽可能实现最佳结果的同时,作出有意义的贡献,有一个他们理解并与之相关的目标。简单地说,领导力必须是激励性的,因为大部分时候它可以定义一个好的组织和一个真正优秀的组织之间的区别。

多年来我个人和职业的发展来自各个方面,最近的一次是有机会参加哈佛商业学校的领导力执行认证。在这个正式的机构环境之外，我与一位执行教练合作，当时我刚担任乐器博物馆的执行馆长，我发现这次经历对我来说大有裨益。结合我的机构知识，我可以立刻运用这些实际课程和工具，这对我职场的无缝衔接和准备应对所需承担的责任来说非常关键。博物馆界内部和外部的个人导师也都提供了充分的指导和良好的建议。

不管你的道路是怎样的，特别是在领导力领域内，我认为最重要的是不断学习，时刻了解与行业相关的趋势和信息，与同行保持联系，尽可能多地把积累的知识传授给他人。我在博物馆领域服务了12年，也想要继续做更多事情，我把它看作是我毕生的工作，也是我一直的热情所在。不管是担任乐器博物馆的执行馆长还是其他地方的其他职位，如果我可以为这个我们称为博物馆的人道主义事业作出有意义的贡献，我将会竭尽所能提供更好的服务。

■ ■ ■

纽约州布法罗市的奥尔布赖特·诺克斯艺术馆是美国最古老和最著名的艺术博物馆之一。在新领导的带领下，博物馆开展了转型改造，制定了新的战略规划，并启动大规模扩张和资本运动。项目推进主任吉莉安·琼斯（Jillian Jones）记录了博物馆内发生的改变，这一改变聚焦以团队为基础的运营和社区参与。她以博物馆新任领导的身份分享了自己的战略。

七、奥尔布赖特-诺克斯艺术馆

吉莉安·琼斯，项目推进主任

奥尔布赖特-诺克斯艺术馆被公认为拥有世界上最重要的现

当代艺术藏品。馆内收藏了超过 8 000 件作品，特别是战后以及 20 世纪 70 年代至 20 世纪末期的美国和欧洲艺术作品。坐落于由弗雷德里克·劳·奥姆斯特德（Frederick Law Olmsted）设计的布法罗特拉华公园旁，博物馆的主要建筑——一座是新古典主义风格，另一座则偏现代化——分别由美国著名建筑师爱德华·B. 格林（Edward B. Green，1905）和戈登·邦沙夫特（Gordon Bunshaft，1962）设计而成。博物馆由 33 位理事会成员管理，共有全职员工 380 人，兼职 53 人，运营预算超过 900 万美元。虽然博物馆拥有大量捐助，但近 3/4 严格用于艺术品收购，每年博物馆现场接待游客量达 12 万人次，网络参观量达 30 万人次，其中超过 7 万人来自快速增长的社交媒体平台。它还有一个公众艺术计划，代表与布法罗市和伊利县的合作伙伴关系。博物馆于 2016 年推出了一项价值 1.55 亿美元、名为"AK360"的资金运作项目，来扩大和翻修历史建筑，并增加其运营资助。在与建筑公司 OMA/重松象平的合作中，博物馆将增加一个专门用于教育的侧厅，扩大展厅和社交空间，并将博物馆和周边奥姆斯特德的景色深度融合。2016 年，在布法罗当地人士杰夫瑞·冈拉克（Jeffrey Gundlach）先生的慷慨捐赠下，博物馆大刀阔斧地开始了扩建项目。在项目结束后，博物馆将以捐赠者的名字命名——奥尔布赖特-诺克斯·冈拉克艺术馆。

1. 领导团队

博物馆的领导团队架构于 2015 年建立，意在提升使命与目标的明确性、沟通的积极主动性，最终促进部门领导间的合作。架构由馆长珍妮·塞壬（Janne Siren）教授设计，并呈现出一个灵活的、跨职能的矩阵组织，以实现效率最大化。之前所有成员都需参加每周会议，但主题又不是关系到每一个人，现在每个月定期召开3次会议（一周一次），每次有一个专门的主题：高水平的管理、项目内容或运营。这三次会议只有与之相关的员工才需要参与。在第四次会议中传达和讨论决策，这次会议所有的部门领导都会参与。塞壬教授主持所有会议。会议一般都放在周一，这样员工就能在后面的一周时间内自由分配精力，开展工作。

当部门领导以这种方式参与最高层级的战略组织管理时，任何人都能清楚地了解机构的工作重点。作为博物馆执行领导团队的一员，我知道并理解同事们各自的利益，这有时也会和部门目标出现不一致。比如，我们可能只有很少的黄金时段来呈现公众节目，我或许会希望展现一个更受欢迎、更能获得赞助的演说家，而我的同事或许想要展现一个小众但能够与海外机构建立伙伴关系或借贷关系的演说家，但可能较难获取赞助机会。由于我参与了很多有关巩固借贷/伙伴关系需求的会议，我认为我可以更自信地确认什么时候需要坚持自我立场，什么时候需要让步于更大的利益。在每种情境下，我愿意也有意从更广泛的角度权衡成本和利益，因为我领导博物馆就像领导自己的部门一样。我认为我们的领导架构需要我们所有人全面、紧密地展开合作，最终让博物馆造福于每一个人。

关于项目推进团队：2015年我刚来的时候，团队只有5个人。我当即做了2项改变，增加了1次招聘，对部门职责进行了有效再分配。2016年我增设了一些岗位，主要负责会员、年度捐赠、晋升服务、基金会和政府关系、重大礼物、活动和设备租赁等相关工作。项目推进团队由三支跨职能队伍组成：一支关注年度的、不受限制的收入（会员、年度基金），一支关注受限制的收入和特殊礼品（年度资助或者 AK360 资金运作项目），还有一支关注巩固和增强所有筹资行动的管理。每一支团队都有组长。一些推进团队的成员会发现自己同时也在另两支队伍中工作。这一架构背后的想法旨在确保规划、会晤和事项上的效率和建立相关性。此外，它的另一个目的是引入第二层级领导力，原来只有 1 位理事（我）和 8 位直接下属，如此我便无法在参与领导团队和兼任首席筹资员的同时，再有效领导每一位成员。

2. 制定决策

总的来说，AK360 高级领导团队关注改变博物馆的运营标准，或能对收支、预算产生重要影响的新想法、新尝试。AK360 的资金运作项目经过广泛讨论，由理事会和高层决策。博物馆的馆长具备强有力的领导，但在决策前也会倾听各方意见。这位有着军队背景的馆长深信基于团队运营方法的智慧所在。他对工作的认真态度体现在他反复提到的一句话中："没有糟糕的团队，只有糟糕的领导。"这表明他对博物馆的福祉负有全部责任。

在 2016 年夏天，我们推出了新的 10 年战略规划。虽然规划一般由工作委员会起草，但还是要经过顾问的指导，以及理事会历时 12 个月的深入参与和监督，才最终成型。工作委员会（由全馆各个级别职能部门的员工组成）参与了头脑风暴和反馈会议。员工继续监督和推动进展，邀请他们的同事参与实施。规划由四块内容组成：

- 卓越的藏品和展览；
- 社区参与；
- AK360（博物馆扩张规划）；
- 机构活力。

博物馆有许多与资金项目（AK360）相联系的独特优先事项。比如，2016年，教育部门的新领导对部门和关键倡议进行重组换新。这或许看起来与之前有所不同，除了新建筑中用于教育项目的空间比之前多了2倍，增加教育活动的预期也发生了改变。同样，在新建筑中指定一块免费入场的空间，也标志着"进入"这一概念和消除参与博物馆的障碍成为重要的优先项。空间和地理位置是建筑设计和相关资本运动的关键驱动因素。我认为在AK360资本运动项目之外存在一个非常重要的优先项：增加组织的多样性。

参与我们的社区并且通过这种方式回应纽约西部地区独特的人口结构是工作的重中之重。该目标由最高等级的领导（理事会）批准和推动，因此它紧密地串连在我们的日常工作中。奥尔布赖特·诺克斯艺术馆所服务的社区具有非常明显的多样性，并且在历史上一直欢迎移民和难民。但就像今天的许多博物馆一样，参观的公众与该地区的多样性仍不相匹配。

在此，我不再一一列举我们为满足社区需求而开展的众多项目，而是重点介绍其中一个。2014年，我们推出了"公众艺术倡议"，旨在反映、致敬和扩大社区艺术家、艺术学科和文化观点的多样性，目的在于促进和提升环境意识和扩大艺术参与、艺术知识和艺术理解，增强当地居民和游客对日常生活中的各个方面的艺术意识和提高他们的艺术水平。在公众艺术策展人和两位公共艺术项目协调者的领导下，团队在地区逐步壮大，并逐渐了解了附近的街区、居民、官员、学校、教堂和图书馆。每个项目通常连接了之前并不相通的各个节点，其设计也回应了特定社区内的感知需求。比如，在历史悠久的拉丁裔走廊上绘制的壁画，是在与居民和赞助商的反复交谈中产生的，他们对缺乏可识别的入口通道感到遗憾。壁画项目由建筑物/企业所有者主持、当地企业赞助。在一群志愿社区领袖的协调下，当地企业就壁画项目的内容与社区进行了沟通，通过举办社区绘画日吸引了邻里及周边地区居民的自愿参与。

3. 快速复制和灵活规划

我曾在一家非常大型的博物馆（预算超过 4 000 万美元）供职，现在所供职的博物馆比较小（预算 900 万美元）。虽然我非常享受大型机构的多维度属性，但我也能接受小型博物馆限制少的特质，在这里，日常决策中所受的行政限制较少。据此，我在个人管理风格上学到了宝贵的经验：我更倾向领导的灵活性，也更喜欢问"为什么不"而不是"为什么"。为什么不把下周二设为自由日，既然它和市长的倡议相符？为什么不把与设备租赁有关的会员要求抛到一边，把晚上留给 X 团队，既然它已经成功吸引了新的藏品团队？虽然这种方法在运作上存在严格的界限，比如不把过多的活动压到员工身上，或不给任何艺术、设备及人员增加风险，但是我们作为博物馆更想以"为什么不"的态度开展工作而不是被规则和传统所约束。

我们已经在 AK360 项目中巧妙地引入快速复制的概念。从一开始我们就举行社区会议，邀请公众评论何时、为何、何地我们应该实行资金项目。公众会议使公众参与了这一过程：(1) 我们让他们了解和评论为什么我们需要一栋新的建筑（超过 400 个人参与）；(2) 我们让他们与建筑师和景观师见面，分享他们对新兴校区的愿望；(3) 我们让他们实实在在地在校区地图上放置代表未来建筑体量的街区，向我们展示他们会如何建设新设施。这种公众互动的形式会在资金项目的后续阶段继续进行。我们还将这种策略应用于"公共艺术倡议"。每个新项目都会邀请一个街区俱乐部或团队提供有关规划项目的反馈。反馈的结果非常重要，最终会整合到产品中。

4. 理事和员工多元化

不幸的是，只有 15％的博物馆非"白人"员工认为自己有公平就业的机会，其中只有 0.8％为残疾人。此外，在 33 个现任理事会成员中，只有两个少数群体代表。但是，我们想要改变的愿望非常强烈，"机构活力"平台下的战略计划反映了这一点，该平台提出了使我们的员工和观众多样化的计划。此外，2017 年初，理事会管理委员会进行了自我评估，找出了成员中最关键的差距，并制定了招聘计划。我们尽可能诚实地解决这些问题，并意识到这些问题正在困扰博物馆界的发展。我们的人力资源部门为每个空缺职位尽可能多地寻求人才，同时我们也意识到了最高管理层级人才多样化方面的困难。招聘经理应积极招募潜在的候选人，而不仅仅是等待着候选人上门。此外，我们会定期准备一些礼物和创造授予机会，来促进我们的员工多元化。通过这种方式，推进团队经常在团队多元化方面发挥领导作用。2016 年，我们获得了纽约州为期一年的拨款，以聘请多元化策展人，该奖励金仅提供给历史上代表性不足的候选人。

5. 关于领导力的思考

总的来说，我的领导力理念如下：第一步——雇用有才华的人发挥其所长；第二步——移开阻碍他们成功的障碍物。我相信作为领导，我的工作就是给员工赋能，促进他们的积极性和主动性。赋能也是一种信任，我的员工知道我一直在支持他们。这意味着我会公开支持他们的决定，支持他们在链条环节和公众领域上的成功（个人的和专业的），这对于像推进部门这样的对外部门来说非常关键。我能成功做到这一点是因为我从我的述职对象（馆长）那儿感受到了这种信任和赋能。

领导力同样需要谦逊的品质。有时我认为成功路上最大的挑战就是我们自己。我们有时候会问自己，解决问题的方法是否是出于一种渴望认可或顾及面子的心理，这同样也需要自我意识，并且承认我们不可能在所有的事情上顾及每一个人。这对于一位相对年轻的领导者来说是非常难的一课（我担任高级理事角色的时候也只有 33 岁），现在我还在不断挣扎，尤其我还是一个新手妈妈。这种斗争——想要同时胜任不同层级的多种任务，并且还要追求"完美"——不止一次地出现在我与其他女性的对话中，无论她们拥有多少头衔。

最后，自信一直是我非常看重的领导力品质。这并不是说我完全相信自己的决定是 100％正确的，但是如果一个人能够自信且清晰地表达出他/她的决策、战略或者导向，就能更清楚地了解自己的工作，进而为生产力和赋能作出更多贡献。当我第一次思考我现在的职位时，我还记得那种害怕的感觉，觉得它对于我这样一个年轻人来说是一次极具野心的跨越。但我也记得我看完岗位职责后的内心所想："我能够胜任这一工作。"从那时起，我就自信地开展工作，因为我认为我选择的道路是正确的。这并不是说我从不怀疑自己，只是我从不让别人这样觉得，所以没有人（在我看来）对我产生过怀疑。所有我说的这些都持保留态度，因为领导也是人，人都有脆弱的时候，并不是无坚不摧的，但我们可以彼此间建立相互扶持、相互帮助的人际网。我有几位同事兼好友，每当我们在一起时，我们就会卸下负担，让彼此放轻松、彼此靠近。

我也认为"创新"和"革新"是需要时间的，但这通常会打乱你的工作节奏，消耗团队成员的精力。创新对适应性来说非常关键，对预测性来说也一样。我（还有我的团队）在头两年组建了新队伍、新系统、新关系，所有这一切——哪怕是我们的基础体系——全是新的，一旦出现问题，我们很难适应。由于没有任何可以依靠的事物，我们度过了一段艰难的时光。现在，两年过去了，我们的工作节奏已基本步入正轨，我们有能力去迎接可能到来的各种"惊喜"，也建立了彼此间感到舒服、安心的关系网。因此，适应性离不开稳定性，即使找到那个坚实的依靠需要花费一点时间。

■ ■ ■

弗吉尼亚历史学会（VHS）的案例关注一位新馆长在一个成熟的博物馆中所做的工作。2017年春，杰米·O.博斯凯（Jamie O. Bosket）接管了博物馆，像许多新馆长一样，他推出了一系列战略规划和重组措施。他的工作特点是采用适应性和专注的方法来领导变革。沟通是他改革的重点。以下内容基于作者与他的访谈。

八、弗吉尼亚历史学会

杰米·O. 博斯凯,主席和 CEO

弗吉尼亚历史学会成立于 1831 年,是弗吉尼亚联邦最古老的组织,也是国家最古老、最著名的历史组织之一。作为州立历史博物馆,弗吉尼亚历史学会坐落于弗吉尼亚里士满博物馆街区,拥有近 900 万件藏品,设有常设展、特展和充满活力的公众项目。弗吉尼亚历史学会是一个私人非营利组织,它由联邦近 30 位信托理事会成员管理。目前有全职员工近 100 人,志愿者 40 人。博物馆的年运营经费约为 700 万美元,总部占地面积近 25 万平方英尺,在詹姆斯河旁还保留了一座历史悠久的建筑,即弗吉尼亚屋。

1. 新领导的挑战

杰米·O. 博斯凯在 2017 年早期出任博物馆的主席和 CEO。在这之前他担任乔治·华盛顿弗农山负责游客体验的副主席及其他一些重要职位。10 年间,他为员工创造了大量培养管理和合作技能的机会。就任弗吉尼亚历史学会主席时,他只有 33 岁,成为美国最年轻的博物馆馆长。基于博物馆的悠久历史,博斯凯对翻开博物馆的新篇章感到兴奋。像所有博物馆一样,弗吉尼亚历史学会经历过组织生命周期的各个阶段。在过去 20 年里,博物馆历经了重大扩张和成长时期，主要由查理斯·布莱恩（Charles Bryan）领导主持。前任领导是一位备受认可的让人生畏的成功人士，博斯凯也严肃对待了这一角色，他想要在成功的基础上继续迈进。他把在弗吉尼亚历史学会的工作看作"向一个社区参与度更高的组织转变"。依靠弗吉尼亚历史上最好的百科全书式藏品，弗吉尼亚历史学会通过讲述一个个卓越的故事而取得成功。博斯凯的愿景是建立一个更加"有活力、包容、以人为本"的组织。

2. 关于战略规划和新方向

新愿景的第一步就是把员工、理事会、同行和其他利益攸关者召集起来。几个月来博斯凯与组织内的每一位成员、每一位理事会面，鼓励他们坦诚地讲出自己的愿望和期待。这让他能深入了解大家的性格和技能，并迅速确定了一系列重要的事项。虽然弗吉尼亚历史学会是一个古老、传统的文化组织，但博斯凯很高兴他走到哪儿都可以遇到热情的同事，听到他们好的见解。他深信在建立组织新标准中，要善于倾听他人的声音。随着想法的不断汇集，他把博物馆的愿景指向去接纳更大、更包容的观众群体，并决心通过有意义的、大规模的公众项目来实现。2017年6月4日，博物馆首次举办了市民仪式，来展示城市和州的多样性，它向社区发出信号，将市民们的故事融入博物馆项目中。经实践这一举措获得了巨大成功，这一天成为弗吉尼亚历史学会十年来最忙碌的一天，它激发了员工活力，为后续活动的开展开了个好头。

博物馆计划在2018年初推出一个新的5年计划，重点关注社区参与。在这之前他们会与社区开展对话，了解他们对博物馆的期待和愿望。此外，博斯凯在盘活州科学与艺术博物馆和地区内其他相似组织的合作伙伴关系上作出了贡献。

3. 领导变革

为了鼓励员工在工作中加强与游客和社区的关系，博斯凯首先采取复制新项目的方式，慢慢地把员工推出他们的舒适区。第一个项目便是7月4日的市民活动，另一个是举办啤酒工艺节。博物馆邀请酿酒师按照馆内的档案记录酿造啤酒。幸运的是，这项活动受到了欢迎。博斯凯鼓励员工更加灵活、拥抱成功，接受偶尔的失败。他指出要想与游客和社区完全融入，你必须乐意接受这些小风险。

与许多新领导一样，战略规划和变革对博斯凯也非常重要。博斯凯是一个非常人性化的领导，会始终与员工的需求保持一致。他理解员工接受变革的挑战并不容易。在一次全员会议中，他与员工分享了一句名言："停泊在港湾中的船虽然是安全的，但这不是造船的目的。"他继续指出转移变革和风险或许更容易，但是弗吉尼亚历史学会的故事和藏品值得更多付出，近2个世纪的收藏、保护和研究必须通过更大的展示和影响才能实现它们的全部价值。

与很多新领导一样，博斯凯通过大型重组来加强变革过程，任命了新的部门领导和员工，其中包括任命一位新的副总裁作为观众代言人。在重组的后续措施中，博斯凯把焦点放在员工身上。他聘请了博物馆首位人力资源经理，推行了开展新业务的必要培训，希望可以和大部分博物馆一样，使员工更加多样化。如果博物馆想要吸引新的观众，想要推出更多面向公众的活动，这一点是非常重要的。

推动变革的其他努力还包括，聘请经验丰富的培训师开展领导力技能培训，明确目标和责任。该举措是重新分配部门员工和设置新的工作优先项的关键，所有角色和责任都会广泛与员工分享。其他的培训则包括跨部门的短期工作坊，学习更多有关创意和合作的新方法。

4. 交流

博斯凯坚信广泛分享信息的重要性。他推出一项计划来"平衡"组织各层级的信息分享渠道。比如，每个月他会与理事会分享博物馆的运营报告，这其中的一些内容可能理事会还不曾知晓；他也常常从员工中收集数据，反映到报告中，将其递交给理事会，并在所有员工中分享。这有助于理事会参与讨论博物馆发展方向，员工也可以向理事会展示和分享他们所取得的成功。博思凯把信任看作衡量领导变革的根本因素，他把每周高层团队的会议纪要分发给所有员工，并定期向理事会提供简报。现在，他可以和员工开展更为积极的对话。这在博物馆领导力领域显然是一项极佳的实践。

博斯凯曾说过，在接手新岗位时，"你无法完全预料会发生什么"，特别是第一次出任 CEO。事实上，他参考了那场讨论城市和整个州内战纪念碑命运的辩论。这些外部事件无法预测，但都需要解决。建立强大的员工队伍和外部合作伙伴关系，巩固机构的身份和优先级，是在瞬息万变的时代维持组织运营的关键步骤。总的来说，博斯凯很高兴能够接受领导变革的挑战，他说：

"没有什么比在重要的地方开展积极而有影响力的变革更有意义了!"

杰米·O.博斯凯现是弗吉尼亚历史学会的主席和 CEO。在这之前,他在乔治·华盛顿弗农山工作,在那里被提拔为负责游客体验的副主席。他的职业生涯始于纽约州北部,他曾在杰纳西乡村博物馆(Genesee Country Village & Museum)和康宁彩绘邮政历史学会(Corning-Painted Post Historical Society)工作。他拥有历史学和博物馆的研究学位,并已通过国家任命,成为文化部门的新兴领导者[3]。

史密森学会是世界上最大的博物馆和研究集群,拥有超过 19 家博物馆和研究机构,以及 6 500 位员工。2010 年学会实施了一项战略规划,为扩大合作范围提供了可能。在韦恩·克拉夫(Wayne Clough)博士(2008—2015 年担任秘书长)的领导下,机构推出"大挑战"(Grand Challenge)项目,旨在帮助员工从孤岛过渡到团队,并把其作为组织设计和发展的最佳案例进行推广。该项研究由起草该倡议的两位主要领导者撰写,即米歇尔·德兰尼(Michelle Delaney)和伊丽莎白·卡比(Elizabeth Kirby)。

九、召集学术团队:史密森学会如何促进跨学科合作

米歇尔·德兰尼和伊丽莎白·卡比

麦克阿瑟基金会(MacArthur Foundation)的"100 与变革"项目旨在解答人类面临的重要问题,大麦哲伦望远镜有望彻

底改变我们对宇宙的理解,并深入研究如何利用大型计算技术来解决人文和社会科学领域的问题——这些项目让我们激动地看到了21世纪的研究带来的潜力:大而协同。单一学科无法解答的复杂问题,学科交叉或许就能给出答案。我们如何给学者提供资源和技能,以实现这些重要探索?史密森"大挑战"联盟是一项在整个学会发出的倡议,它认识到团结协作或许是解决社会重大问题的答案。联盟推动了跨学科研究团队的成立,并提供了一系列有力的援助来召集学者。联盟的支持被描述为"点燃导火索的火柴,如果你愿意,可以让我们来做这一工作"。这是一个有着170年历史的机构如何着手进行一项伟大实验的故事。

1. 博物馆语境

史密森的奇妙历史源于欧洲。1765年,詹姆斯·梅西·史密森(James Macie Smithson)出生,年轻时他走遍了英格兰、苏格兰和欧洲其他地区,见到了同时期的许多知名人士。联系当时欧洲的启蒙运动,史密森对知识、创新和收藏的渴望与他的同龄人相比有过之而无不及。在他1829年逝世时,美国的领导人还未意识到这位从未到访美国的英国人会对美国的科学、艺术、历史和文化产生如此巨大的影响,这种影响将直接促成美国的历史。按照史密森的遗嘱,如果继承人过早去世,他的房产将转移到美国,建立以"增加和传播人类知识"为使命的"史密森学会"。

国会以联邦的形式建立了史密森学会,它不属于政府三个分支中的任何一个,由自治的理事会管理。理事会的第一项措施就是建立"学会之家"——那座矗立于华盛顿国家广场由詹姆斯·

伦威克（James Renwick）设计的挪威式城堡。理事会选举约瑟夫·亨利（Joseph Henry）为史密森学会第一任秘书长，他是美国最知名的科学家之一，是新泽西（普林斯顿）大学一位实验物理学家。亨利把学会的关注点继续放在科学研究上，尽管理事会希望史密森学会应该被赋予更广阔的潜力。

但是，继亨利之后，史密森学会进行的一系列扩张也反映出13位秘书长的战略领导力、他们的期待和优先事项。今天，史密森学会已经成为世界上最大的博物馆、教育和研究集群，拥有19座博物馆和艺术馆、21座图书馆、国家动物园和众多研究中心，例如史密森天文物理观测台、史密森热带研究机构和史密森环境研究中心。学会拥有6 500名员工和6 300位志愿者，每年的预算约10亿美元，其中联邦拨款占机构筹资的62%，其他为私人捐赠和商业收入。学会由理事会和负责监督组织的秘书长一起管理。城堡继续作为学会管理机构的所在地。

史密森学会的使命一直是：知识的增加和传播。这一简单的战略表述为《通过知识和探索激励下一代 2010—2015》（*Inspiring Generations through Knowledge and Discovery 2010-2015*）战略规划奠定了基础，以更好地聚焦学会的四大挑战，同样也是学会的四大优势。

2. 战略规划和变革努力

对史密森学会来说，19世纪的突出特点是藏品增加，20世纪则是建立独立的博物馆和中心，且每个单位都在其专业领域内进行了深入的科学研究。在21世纪，史密森学会转为融合机构的各个部分。不管机会是教育还是弥合文化代沟，不管挑战是全球变暖还是物种灭绝，史密森学会都提供了广阔的资源和深入的专业知识。为实现其真正潜力，领导瞄准了机构转型，把藏品和跨学科的研究者联系起来，以增加学会的社会价值。在战略规划的驱动下，学会进入一个新时期，它呼吁扩大可及性，复兴教育，提升藏品能力和大胆的工作思维方式。在 1 000 名员工的开发下，规划体现了破除内外边界、紧密围绕学会的四大挑战开展工作的重大转变。它提供了一个足够包容的愿景，以吸收不同领域的求知欲和创造力。

- 解锁宇宙奥秘。史密森学会在理解宇宙本质、暗物质、星系构成和探索宇宙特殊现象上扮演着领先角色。现在它的关注点是把科学家的综合研究运用于今天的重大问题上，如地球、行星、恒星、星系以及宇宙的起源与演化，通过科学家、学者和文化专家的合作产生巨大影响。
- 理解和维持多样化的星球。历史上，史密森学会研究了一系列生态物种，旨在提高对多样性的认识，发挥其在生态系统健康运行上的功能，以实现地球可持续发展。现在学会将增加跨学科研究的投入，利用学会的力量扩大该领域工作并找到创新的方法解决多样性缺失、生态破坏和气候变化等各方面的问题。
- 重视世界文化。在整个历史中，史密森学会为世界认识、理解和尊重人类演化以及世界文化多样性作出了巨大贡献。现在它将扩充其博物馆和研究中心的跨文化奖学金、展览和相关项目。学会的古今藏品为完整呈现和理解我们广袤的世界文化及其创意性和多样性奠定了基础。

- 了解美国经验。在促进和提升对美国历史、艺术、文化和科学方面的理解上，史密森学会有着先进且全面的知识。面向未来，史密森学会将在整个学会范围内，鼓励跨学科项目团队记录美国人民在历史上和当前所取得的成就和创意。

学会最初的想法是建立四个中心，每个中心围绕一项挑战。随着战略规划的推进，领导发现，当人们开始谈论中心该如何合作时，各种想法不断涌现。史密森学会内部研究检验了包括历史、艺术、文化和科学在内的各项联系，指出所有当前世界面临的复杂问题——比如贫穷、气候变化、文化及多样性缺失、政治紧张等——都需要跨学科的解决方法。2010年，史密森学会成立了"大挑战"联盟，作为催化剂，它把专家聚集在一起，从每个领域中吸收新知识，运用于研究、展览、课程和公众项目。联盟将成为实现战略规划和激发学会潜力的一种形式。

3. 模式

在考虑模式时，史密森学会研究了大型和小型组织在人与数据联结上的新方式，以便他们可以从多个角度解决问题。在联邦层面，美国国家科学基金会和美国国立卫生研究院设计了一些项目，以促进和提升跨学科、综合性的学术能力。学术界还为开展跨学科研究和教育提供了一些成功的模式，包括跨越传统学术部门，联合任命领导人，以实现文化变革。学会的学者在解决既定体系之外问题所使用的工作方法，以更广阔的视野对古老的学术权威发起挑战。注重团队并快速响应客户需求的企业部门也是个例子。"大挑战"联盟将帮助学会继续招募和保留最优秀、最具才华的学者、策展人、科学家和教育工作者,因为许多专业人士都在寻找可以促进跨学科工作的环境。

联盟的发展肯定存在风险和挑战,特别是各个组成机构是否能够运用和支持它。联盟希望吸引过来的研究人员都能得到其理事的认可。为了获得支持,机构的理事受邀成为正式和非正式顾问,并担任联盟的执行委员会成员。他们还参加了一系列其他活动,包括准备年报、签署提交给联盟的提案,及向学者展示项目以便于他们了解联盟的工作。各个机构内都进行了研究,开发了大量的展览,旨在使各机构领导将联盟视为整个学会的新渠道,通过这样一个渠道,学者们可以开展跨机构对话,且不会影响他们的本职工作。与此同时,还要让学者们看到可以发挥自己才能的机会。比如,在共同感兴趣的领域召集和团结同事,开设鼓励尝试新想法的种子基金以及人力资源上的一些激励措施,帮助发展新的概念和寻求外部资金;联盟发现,学者们也渴望参与其中。

4. 战略目标:加强跨学科努力

四个联盟在史密森学会内或联合或单独地进行孵化,发展和发起合作,它们将成为跨机构活动的重要力量。为了引导更多的由单一组织驱动向跨机构活动的转变,联盟将帮助研究人员实现内外部目标。首先,它的项目将召集学会内大量的知识人才,通过跨学科、跨组织的方法来应对一个或多个"大挑战"。其次,通过加强对外部资助的研究,这些项目可以扩大史密森学会在国家和全球范围内应对重大挑战的领导能力,从而提高公众对相关问题的认识。它还将与外部组织建立重要的合作伙伴关系，以扩充史密森学会的专业知识并吸引新的受众。这些努力将形成一系列重要计划，以解决世界面临的重大问题。

5. 结构和人员配置

比尔和梅琳达·盖茨基金会（Bill and Melinda Gates Foundation）为史密森学会提供资金，促进学会的跨学科研究。该项目的核心是建立四个联盟，每个联盟均有一名著名的学会领导，他们具有非常强的合作领导能力，在联盟内负责联合整个机构内的利益集团。联盟设置在史密森学会所在的城堡中，因而获得了一个亲切的绰号——"大办公室"。联盟的理事之间互动良好，他们讨论共同感兴趣的领域，各自分享对机构工作策略的看法。联盟的办公地点在科学部副部长和历史、艺术与文化副秘书长的办公室附近，方便理事汇报工作，也方便部长、秘书长们定期与史密森学会的秘书长和其他中央管理人员进行沟通。该地理位置也赋予联盟实现学会范围内资源共享的职责。为确保研究人员在其项目中获得全面的帮助，联盟负责人得到了三名工作人员的技术支持。

资金开发专家——他拥有丰富的提案开发和奖励管理方面的经验，负责与学者团队合作开发外部资金，发展合作伙伴关系，提醒他们潜在的机会，并与史密森学会的学者团队合作整理大型、复杂的提案。

财务经理——他具备学会的财务管理经验，曾负责种子基金的财务工作，协助研究人员根据各部门的管理文化制定跨部门的财务安排。

行政助理——负责提供行政支持以推动团队的发展，包括合理安排项目团队的例行会议、计划会议、座谈会和其他活动。

为了加强与学会的合作，联盟采取多种策略，例如通过自下而上的创意博览会和自上而下的工作组来培育新的项目和建立关系。

创意博览会汇聚了来自整个学会的学者，把初步构想在大学中加以探索和开发。首届史密森创意博览会于 2010 年 3 月举行，重点关注联盟与"了解美国经验"有关的项目。在博览会上递交审议的提案涉及摄影、移民和音乐等项目。这些主题基于当前的活动和员工的专业知识，以及杠杆化的收款和资产。提案的想法是跨学科和跨部门的，并且与社会问题或特定领域的创新有关。每个人都确定了一个研究问题或议程，并提出了公共教育计划和学习的概念。

工作组由学会的中央领导任命，其职责是基于"大挑战"的内容、学术专长和潜在的重大影响，制定研究提案，为联盟活动提供明确的目标。最初，成立了三个工作组：气候变化和碳固存小组、计算模型小组、文化财产小组。这三个小组探索了整个史密森学会已经做过的工作——包括核心优势、存在的弱点，以及如何解决这些弱点，为联盟的项目方向制定蓝图。

为了促进创业活动，联盟获得了两个层级的资助。一级资助金为开发研究前瞻性概念的小组提供了种子资金；二级资助金的规模更大，它为准备应对重大问题和申请外部资金的成熟小组提供了资金。一级资助阶段的一些成功提案为那些有共同兴趣的个人提供了时间和动力，他们可以面对面探讨，把大型跨学科项目的想法具体化。二级资助阶段让这些跨学科团队可以进行初步实验，撰写立场性文件，或提供其他对外部竞争至关重要的学术证据。二级资助阶段的成功提案为小组成为外部资金的有力竞争者提供了所需资源，从而展示某个领域的初步成功或凸显在该领域的能力。

在向学会利益相关者介绍推广联盟时，推广的重点是可以为其提供一种类似涡轮增压的服务，它可以推动研究团队沉入项目的下一层次，而不是增加一层新的官僚机构。为了促进联盟管理的敏捷性，学会尽可能地去借助各个成员单位中已有的基础设施。这项安排也能够保证学会成员对项目的承诺，并确保随着跨学科活动的增加，成员单位可以继续提供支持。联盟在概念和提案开发方面提供了帮助，单位成员一旦被授予相关款项后会对资助金进行管理。

根据联盟的目标和成果，这些活动旨在通过共同努力制定具有全球意义的领导力计划，确立学术重点和学会未来的定位。博物馆和研究中心的主任开始将联盟视为一种促进跨部门合作、提供资源帮助、普惠各部门的资源。作为一个临时组织，人们对它的期待就是，每个联盟至少应开发一个引人注目的标志性计划，以争取大量外部赠款资金，促成新的展览或展览计划，或进行该领域开创性的研究和出版。通过这些努力，史密森学会将获得更大的学术知名度，并进一步验证"大挑战"在公共部门中的重要性。

6. 项目案例："内战150"

"内战150"项目是一个很好的例子，它很好地说明了联盟是如何将学会的资产用于学术研究，以此来发挥自身作用的。内战 150 周年纪念是许多博物馆重要的常规活动之一，也是史密森学会历史的一部分。1861 年美国内战爆发时，国务卿亨利放下了美国国旗，保持史密森学会的中立，并尽可能地维系日常运营和国家探险队的工作。他的理事会中有几个是南方人，包括他的密友杰斐逊·戴维斯（Jefferson Davis）。当时，200 枚弹药被运送到城堡的台阶前用以防卫，但亨利拒绝让部队进入城堡。林肯总统希望亨利担任科学和技术顾问。当时，测试的信号从史密森大厦发往白宫，第一个地面侦察的电报信号实验通过气球发出，在现在国家航空航天博物馆的位置进行。如何围绕一个统一的内战项目把学会聚集到一起，共同面对艰难的历史时刻，这一点很重要。

该项目是一个很好的例子，因为它适用于各类想要从多个角度看待一个特定项目的机构，并可以召集两个、二十个乃至更多的研究人员从事类似的工作，也适合跨机构合作。"内战 150" 项目使学会各地的研究人员聚集在一起，围绕整个学会在纪念内战 150 周年所作的努力制定战略。它最持久的一个项目是一本名为《史密森内战：国家收藏》（*Smithsonian Civil War: Inside the National Collection*）的书，由 46 名作者、12 人组成的编辑委员会和 60 名工作人员共同创作完成，他们以跨学科的视角研究书中有关内战的物品和插图。

成功的措施：制定一个选择项目的流程，为项目组建机构认可的参与者，促进项目的发展。

"内战小组"最初有所发展，但是因为没能在员工的时间、贡献和项目目标上达成一致，因此从未进入正式组织阶段。2011 年，联盟的负责人开始召集 50 多名员工，讨论如何进行重要的150周年纪念活动，把史密森学会的努力放在筹集展览、出版物和项目的资金上。一位学者对联盟的评价为："联盟挑战了我们对如何扩大史密森学会内战收藏品的理解与思考，'了解美国经验'联盟的负责人在整个史密森学会召集了一群从事"内战150"项目的员工，他们不一定彼此了解，这就使我们有机会建立新的伙伴关系，并在整个机构内开展合作。"

在这一过程出现了来自两个不同博物馆且从未谋面的共同领导人，他们与联盟的负责人一起实施项目，并得到了部门领导的同意。每位领导者都为项目提供了自己专业领域的知识。该联盟的负责人在需要时还担任内容的整合者，并解决了行政和后勤问题，使领导人们可以自由地专注于输出自己的知识。负责人还就该项目与专业组织联系，让史密森学会参加了国家公众历史委员会内战工作坊，使该团队从项目伊始就具备了外部视野。

成功的措施：以研究为动力的团队的发展，带动了新知识的生产、出版物和媒体的创新，增强了史密森学会的基础研究设施。

联盟的理事们在学会内组织、促进和协商，与团队一同制定项目范围和实现项目的目标。董事们主持了初次会议，以确保所有成员单位都有平等的发言权，并确保讨论的重点始终在工作成果上。该联盟还为内部项目协调员提供了资金。两位共同领导动员了两名外部专家，就项目的潜力提供观点。外部专家还与史密森学会学者讨论，确定整体研究计划并整合了一些分散的建议。他们还帮助选择了一些外部组织作为项目的外部资源参与其中。该联盟协助寻找更多潜在的外部合作伙伴，包括具有数字人文经验的大学和外部组织，以提供有关网站开发和通过其他媒体展示研究内容的建议。

成功的措施：创建和管理有助于模型成功的组织框架。

该组织框架包括来自史密森学会的利益相关者。在一起工作的有优秀的合作项目负责人、撰写文书的学者小组、为整个组织提供支持和帮助寻求外部资金的团队，以及努力使项目落地的高级领导人员。这个团队的负责人为该书的版税争取到了最大的权益，这也给后续新的尝试提供了适量资金。团队成员包括来自美国国家历史博物馆、史密森美国艺术博物馆、美国国家肖像馆、美国国家航空航天博物馆、美国黑人历史文化博物馆、库珀·休伊特设计博物馆、美国自然历史博物馆等场馆的工作人员，以及史密森安纳科斯蒂亚社区博物馆、史密森档案馆和图书馆等场馆的工作人员。该小组还获得了秘书处的团队协作奖，用以表彰他们的工作。

7. 项目的成果及产品

该项目开发了一本由 13 个模块组成的综合性书籍，为史密森学会的学者提供了研究和写作方面的帮助。由于项目得到了学会学者的广泛参与和支持，联盟的负责人鼓励史密森学会其他不同单位的推广和市场部门开展联合推销活动，这在历史上是十分罕见的。它把项目的影响范围扩大至《华盛顿邮报》和《纽约时报》，这也极大影响了馆藏及它们在项目中的使用。约翰·布朗（John Brown）的藏品在美国国家历史博物馆和美国国家肖像馆原本已经被分离开来，现在又整合到了一个新的语境中，学者们可以了解他们以前所不知道的重要物品、藏品以及它们之间的联系。

联盟允许使用公共资源，如基本的史密森学会内战网站以及 Twitter 和 Facebook 上的社交媒体账号，这些账号由各个部门和新媒体办公室管理，有效整合了史密森学会在网络和社交媒体上的影响力。在史密森学会中央对外事务中心的努力下，美国国家肖像馆、史密森美国艺术博物馆和安纳科斯蒂亚社区博物馆已经开始了展览营销工作。在《大西洋》创刊 150 周年特刊上发表文章和图片，还有其他的一些外部协作，如内战基金会和史密森博物馆之间的联合展览、数字化展示展览藏品、为期多天的内战信托暑期教师学院活动，这些都引起了大家对该项目的关注。

8. 史密森学会如何利用所学

《史密森内战：国家收藏》的开发和模式给《妇女历史倡议》（Women's History Initiative）提供了很好的模板，后者于 2019 年出版。在该书的开发过程中，史密森学会的学者投入极大的热情参与了书本设计和藏品内容的研究，保障了书本的吸引力和翔实度。该书在整个开发过程中跨部门招募作者，获取高级管理层的支持，所筹备的版税很好地支持了下一阶段的工作和为新书开展的合作，被公认为是一个成功的典范。

9. 联盟：成功与建议

联盟通过跨学科项目的开发，增加外部资金以及提高公众对史密森学会的认可，促进了组织的变革。在 165 项种子基金和 300 位获得资助的学者中，有 9 个主要项目已成为史密森学会的优先事项，它们很有可能改善我们和子孙后代的生活。这些项目的主题涉及艺术和科学，涵盖从海洋科学保护到文化遗产的恢复和保存。这些项目目前由不同的机构负责,通过持续性的团队活动保持其跨学科特征。尽管联盟于2016年5月终止,其工作人员已搬到院长办公室和博物馆及研究部副秘书长办公室办公,但该机构学者仍定期碰面,探索共同感兴趣的新领域。项目负责人在博物馆或研究单位支持下自行管理项目,并定期与合作单位和院长办公室磋商,以促进外部伙伴关系的发展及项目综合能力的提升。

联盟对项目成功复制和拓展的经验可以应用于其他情况。在复盘机构的优先事项方案时,以下问题得到了充分考量:

  1. 该项目所基于的知识框架是什么?在下一阶段的开发中将如何增强该框架?

  2. 过去为该项目获取外部支持的策略是什么?取得了哪些成功?要在未来达到预期的国家和国际影响力,还需要得到哪些支持?

  3. 将项目放在一个特定的机构以寻求稳定的行政支持是否合适?哪个部门最符合该项目的需求并能够增强其智力活动?

  4. 在未来几年甚至更远的将来,该项目将会取得怎样的成功?我们需要在此预测基础上对项目、合作伙伴关系、人员配备和预算进行哪些修改?

关于可借鉴的部分,几乎所有组织都有种子资助或内部赠款计划。可以利用现有资源中的员工特定时间段和专业知识,例如联盟员工,在规定时间内提供智力和技术上的支持。这种团队参与还可以为员工提供专业的发展。在概念开发期间,四位联盟理事长的指导也给了研究人员莫大的帮助。联盟的理事是该机构的长期雇员,他们有着出色的学术成就,可以充当智库,也能帮助研究人员在开展跨机构工作时更好地应对复杂的行政系统。

联盟支持有哪些可借鉴的经验？

1. 以熟悉的内部/种子资助为基础，增加配套支持服务，从学术指导到行政协助，以增强影响力。

2. 通过支持学者提案中的优先事项，动员来自管理层的支持。例如，在种子资助申请时可以询问该项目如何与单位未来的计划相适应。

3. 公开推广种子资助项目，争取领导对项目的肯定，为学者们所作的新努力提供内外部认可。

4. 为项目引入新的视角，如外部资金和拓展活动如何促进其工作。在项目开发阶段对这些主题的讨论会启发学者将它们纳入项目安排表。

5. 明确援助的主要目标是研究发展。联盟获得了项目信贷，且人员结构没有增长，这一事实表明，该过程成功避免了官僚主义。

6. 尽力为机构项目和组织内的会议开发流程图。

除了协助研究人员这一主要目标外，联盟工作还可以作哪些改进？

1. 除了种子基金之外，大多数联盟的拓展活动都是通过现场直播和网络直播来推介学者及其工作。在有了充足的种子基金后，联盟于第三年建立了一个网站。尽早建立网站对于整个机构展开交流会很有帮助。

2. 随着时间的推移，联盟可能会开发更多的材料，分享从大型组织工作中汲取的行政经验。

该联盟的主要职能是召集研究人员，并为他们提供卓越的工具，使他们脱颖而出。联盟的转型是将学者团队创建的项目制度化。院长办公室对每个计划进行审查，然后与部门主管和项目领导一起创建新的管理协议，为将来的项目开发提供一个行政中心和规范化的跨学科参与制度，其中包括向院长的定期汇报。联盟的工作人员加入院长办公室，继续通过联盟开发的技术为现有项目和新兴学者群体提供指导，以探索新的跨学科计划。

在新的中心的领导下，历史、艺术和文化部副秘书长和科学部副秘书长于2015年合并职务，设立院长办公室和博物馆与研究部副秘书长。这一新结构反映了行政合作下学者的跨学科工作方式。从长远来看，史密森学会研究人员在联盟协助下开发的项目将推动奖学金的发展，增加可用于美国中小学的资源，激发充满活力的展览，并为史密森学会增加新的收入来源。最重要的是，它们将有助于在新时期实现一个旧机构的转型，并确保其对后代产生重大影响。

传记节选

Ewing, Heather. The Lost World of James Smithson. New York: Bloomsbury, 2007.

Smithsonian Civil War: Inside the National Collection. Washington, DC: Smithsonian Books, 2013.

Smithsonian Grand Challenges Consortia office correspondence and grant files, 2010–2016, Office of the Provost/Under Secretary for Museums and Research, Smithsonian Institution. http://consortia.si.edu/

Smithsonian Institution. https://www.si.edu/about.

Smithsonian Institution Annual Reports. http://library.si.edu/digital-library/book/annual-report-board-regents-smithsonian-institution. Smithsonian Institution Annual Reports,2004-2016. https://www.si.edu/about/annual-report

Smithsonian Institution Archives. https://siarchives.si.edu/history/james-smithson.

Smithsonian Institution Strategic Plan,2010 – 2015. https://www.si.edu/Content/Pdf/About/SI _ Strategic _ Plan _ 2010-2015.pdf.

结论思考

这些案例研究与领导力和组织变革息息相关。正如我们在本书前面各章所研究的那样，博物馆面临的挑战是巨大的，实施变革需要巨量的技能、激情、机会和勇气。这些案例以及全文中凸显的许多个人，因其奉献精神和创造力而广受赞扬。每个人都受到强大的委员会和他人的影响，他们在推进博物馆使命方面进行了尝试。这些案例表明：显然，解决的方案并不唯一，应对领导力挑战的方法是多种多样的。希望这些故事能够激发该领域的更多创新，从而进一步强化博物馆发展的弹性和可持续性。

问题讨论

1. 联系上述案例研究，哪些博物馆正在采用第六章中概述的创新做法？

2. 遵循约翰·科特的组织变革的八个步骤，博物馆会如何受益？

3. 哪些领导人最能适应社区参与目标？

4. 这些案例研究中，对于员工发展和包容性参与，是否有可以在您的博物馆中进行复制的经验？

注释

1. 作者与伊丽莎白的电话访谈，2017年5月23日。
2. 作者与杰克·拉斯玛森的私人访谈，2016年11月22日。
3. 作者与杰米·波斯凯特的电话访谈，2017年8月25日。

附录 A　个性评估和学习风格

以下这些链接为个人提供了免费的在线性格评估，包括迈尔斯-布里格斯类型指标（Myers-Briggs Type Indicator，MBTI），DISC测评和（鲍尔曼和迪尔）四框架模型（Four Frame Model）。这些评估工具的意义在于对个人的信息处理能力、待人接物能力、决策能力进行自我评估。偏好从来都不是一成不变的，它让我们看到了工作场所的多样性。总的来说，不同的风格会对全局产生有利影响：创造力和快速决策（企业家），决策和工作流程的精准性、可衡量性（管理员），善解人意和团队合作（整合者），还有以结果和任务为导向但不参与决策过程的个人（生产者）。细微之处不胜枚举，我们不应该过分拘泥于这些描述，但是当您考虑团队构成时，请充分考虑这些不同的风格，它们会直接影响决策。

DISC

https://discpersonalitytesting.com/free-disc-test/

Kolb Learning Style Inventory

https://aim.stanford.edu/wp-content/uploads/2013/05/Kolb-Learning-Style-Inventory.pdf

True Colors

http://www.truecolorsworkshops.com/test/true-colors-quick-assessment-test/

附录 B 假设练习：领导

下列场景是一些个人向作者反映的在博物馆工作所面临的现实问题。思考你自己或者你的组织中的其他人会如何解决这些难题。正如预想的那样，这些难题是没有确切答案的。

1. 在博物馆的中层和高层之间或许存在这样一个偏执又掌握重权的人。我们想让高层管理人员增强我们部门的权力，如何通过或围绕这个人工作？

2. 在不激怒老板的情况下，你如何告诉他们，他们分配的任务在有限的时间和资源内是不可能完成的？你如何向老板传达坏消息？

3. 每换一个新馆长时，我们都会有一个新的战略规划。我们如何在部门内进行阐述和获得支持？

4. 我的老板担任副总裁，但他是一位糟糕的管理者，不善于沟通。我们如何与这个总是把我们的想法归为己有的人打交道？

5. 我有改善博物馆项目的想法。我如何获得接手新项目和晋升的机会？

附录 C　团队决策练习

地铁博物馆位于城市中较古老的街区，处于社区更新项目的边缘，该项目包括对体育馆、美术馆和高档餐厅的翻新。博物馆大楼是一座地标性建筑（以前是图书馆），并且在过去的一年中一直在装修，增加了新的教室和动态画廊，并改进了暖通空调系统。博物馆已完成了50%的翻新，资金来自州和联邦以及企业的捐赠。博物馆的宣传比较低调，在竞争激烈的慈善环境中举步维艰。年度运营预算来自捐款和年度捐赠活动、会员以及小型礼品店的收入。该博物馆只有1 000万美元的小额捐赠款，在过去的两年中，经济下行使资金减少，博物馆也削减了项目和人员规模。原本150万美元的预算已缩减至100万美元，理事会已批准了赤字预算。博物馆对公众免费开放，但为了节约资金，缩短了开放时间。博物馆有20名全职和兼职人员，负责照管10 000件文物，并运营一些年度展览和教育计划。由于装修和一成不变的展览内容，参观人数下降了约50%。员工士气低落，加薪政策被冻结，馆长还在考虑每月给员工休一天假。一些员工要建立工会以保护自己的利益，而其他更具创造力和活力的员工正在积极寻找新的工作。博物馆部门之间的沟通也不顺畅。

如果您是理事或部门负责人等高级管理团队的成员，在每周例会上,您可能会遇到以下问题。馆长要求团队审查并确定这些问题:需要采取什么措施?哪些是优先事项?什么是紧急的?什么是重要的?有什么迅速处理的方法?哪些需要进一步研究?谁负责处理这些问题?是否有政策可以帮助决策?

议　　题

1. "地铁中的内战英雄"策展人向馆长马丁·苏雷特(Martin Sureright)发送了关于手枪问题的电子邮件。原定于下周在展览开幕仪式中展出的两把拉姆罗德将军(General Ramrod)捐赠的 19 世纪的手枪找不到了。登记员正在请病假,而将军将于下午到访博物馆,提前参观展览。

2. 馆长的语音邮箱中有一条电话留言,市长在本周末将召集一次市议会特别会议,讨论资助一项重大的新的教育计划——这是一笔一次性的配对补助金,以帮助建立少数群体学校体育课程。这恰好与三个月后新科罗纳球场的开幕相契合。"有关各方应该带着想法来参加会议。"

3.《都市邮报》(*Metro Post*)艺术记者向馆长苏雷特发送了一封电子邮件,希望能就博物馆有关一幅珍贵的莫奈风景画的解禁计划进行采访。理事会已批准了此项行动,但因与博物馆的使命缺乏相关性,一些工作人员担心这些收益将如何使用。

4. 体育和流行文化策展人麦克·曼特尔(Mike Mantle)刚刚与他的领导即首席策展人莎丽·斯玛特(Sally Smart)进行了交谈。他对两件事感到非常生气:(1)今年特展的预算又被削减了;(2)博物馆员工士气低落。他认为改造的资金已经超过了员工涨薪和做"严肃工作"所用的资金。他说:"我们需要为所有员工争取公平,否则我们将上街抗议。"作为一位非常热情的领导,并且是@Museum Workers Revolt 的活跃会员,工作人员非常愿意听命于他。

5. 理事会主席鲍勃·巴格巴克斯(Bob Bagabucks)定于第二天与理事苏雷特见面并共进午餐。鲍勃一直与开发总监伊凡娜·杰夫特(Ivana Geft)合作,就推进建筑更新的资金运作提出一些想法。他认为本地一些公司会为新的四维交互式虚拟现实剧院提供资金。他告诉苏雷特:"给他们一个命名的机会就足够了。"

博物馆包括策展、教育、行政与规划发展等部门。设想你是其中一个部门的领导。要考虑五个问题中哪一个是最紧迫的,应该如何解决,以及如何与管理委员会的成员和馆长一起解决,其他问题又该如何解决。在团队中对此要加以练习。

图书在版编目(CIP)数据

当代博物馆的领导:理论与实践/(美)玛莎·莫里斯著;沈嫣译.—上海:复旦大学出版社,2022.10
(世界博物馆最新发展译丛/宋娴主编.第二辑)
书名原文:Leading Museums Today:Theory and Practice
ISBN 978-7-309-16400-8

Ⅰ.①当… Ⅱ.①玛… ②沈… Ⅲ.①博物馆-管理-研究 Ⅳ.①G261

中国版本图书馆 CIP 数据核字(2022)第 164611 号

LEADING MUSUEMS TODAY: Theory and Practice by Martha Morris
Copyright © The Rowman & Littlefield Publishing Group Inc.,2018
Published by agreement with the Rowman & Littlefield Publishing Group through the Chinese Connection Agency, a division of The Yao Enterprises, LLC.

上海市版权局著作权合同登记号:图字 09-2019-073

当代博物馆的领导:理论与实践
[美]玛莎·莫里斯 著
沈 嫣 译
责任编辑/宋启立

复旦大学出版社有限公司出版发行
上海市国权路 579 号 邮编:200433
网址:fupnet@fudanpress.com http://www.fudanpress.com
门市零售:86-21-65102580 团体订购:86-21-65104505
出版部电话:86-21-65642845
上海盛通时代印刷有限公司

开本 890×1240 1/32 印张 7.625 字数 171 千
2022 年 10 月第 1 版
2022 年 10 月第 1 版第 1 次印刷

ISBN 978-7-309-16400-8/G·2409
定价:50.00 元

如有印装质量问题,请向复旦大学出版社有限公司出版部调换。
版权所有　　侵权必究